한국전통건축의 백미

한국전통건축의 좋은느낌

김석환 지음

기문당

추 천 사

건축가 김석환의 전통건축 예찬

건축가 김석환의 한국건축에 대한 애정 어린 글이 한 권의 책으로 묶어 나왔다. 흔히 학술적인 글이건 대중 지향의 답사기건 전통건축에 대한 기존의 글들이 대부분 학자들의 손을 거친 것들이고, 건축가들의 글은 자신들의 작품에 대한 변이 주를 이루었던 저간의 사정을 생각한다면 다분히 이례적인 일이다. 그러나 학술과 기예가 따로 있지 않고, 작품을 읽는 눈과 만드는 손이 갈라져 있지 않은 건축의 세상에서, 한국의 건축가가 자신의 주변을 둘러싸고 있는 한국의 건축에 대하여 글을 쓴다는 것은 전혀 특별한 일이 아니다. 자신이 자라온 토양을 확인하고 앞으로 나아가야 할 방향을 찾는 일이기 때문이다. 그래서 건축가의 글은 학자의 글보다 생생하고 본질로 바로 들어가는 공격성이 돋보인다. 건축역사를 전공으로 하는 필자의 경험에 따르더라도, 건축가와 함께 하는 답사 길에서 듣게 되는 질문과 탄식을 통하여 얼마나 많은 영감을 얻는지 모른다. 아니 좀더 솔직하게 이야기한다면, 건축역사학자들과의 여행보다는 건축가들과의 답사에서 진정 배운다고 해도 좋을 것이다.

과연 김석환의 글은 다른 건축가들의 감상에서와 같이 동서와 고금을 넘나드는 상상의 폭과 미세함을 밝혀내는 관찰의 예리함이 돋보인다. 글의 흐름 여기저기에서 건축역사학자라면 감히 하기 힘든, 과감한 연결과 추론도 눈에 띈다. 학문적 엄격함의 속박으로부터 자유로운 글쓰기가 갖는 힘이자 여유이다. 동시에 그 점은 그대로 애호가들이 흔히 갖는 약점이 되기도 한다. 예를 들어, 그는 아홉 편에 이르는 꼭지를 통하여 전통건축의 아름다움을 상찬하고 있는데, 모두 여러 번 곱씹어볼 만한 가치가 충분한 명작들이지만 대상 선정에 치우침이 뚜렷하다. 즉 지형에 대응한 세팅의 조성 시기가 불분명한 부석사의 예를 제외한다면, 나머지는 모두 조선시대의 것들이며, 나아가 그것은 선비정신(혹은 선승의 그것)과 청빈의 미학, 자연친화적인 건축으로 이어지는 '전통건축' 이데올로기의 상투성을 되풀이하고 있는 것처럼 보일 수 있다. 불국사보다 선암사를 선택하고, 경복궁 대신 창덕궁을 다루며, 또 영선암과 독락당을 다루면서 굳이 봉정사와 양동마을을 건너뛴 것이 그 증거이다.

나는 다른 글에서도 토로한 바와 같이, 물질보다 정신을 강조하는 전통건축관에 대하여 강한 불만을 가지고 있다. 그것은 문명과 문화를 분리함으로써 물질문명의 열세를 정신문화의 우세함으로 위로받으려는 후발 국가의 전략이라는 의심이 들기 때문이다. 타고르가 '동방의 등불' 이라고 노래한 식민지 조선은, 일체의 현실을 부정하고 영광된 과거로의 오지 않을 것 같은 회귀를 꿈꾸고 있었던 것만은 아니다. 어떠한 곤경의 시기에도 역사는 진행되고 있는 것이며, 한 번 지나간 흐름은 돌이킬 수 없는 것이기 때문이다. 무릇 좋은 건축은 목적 의도와 그것을 가능케 해주는 기술, 경제적 형편이 조화를 이룬 상태에서 오는 것이고 따라서 시대와 무관할 수 없다. 이런 것을 모를 리 없는 김석환이 굳이 이와 같은 대상을 한정한 것은, 이것이 건축역사 책이 아니기 때문이리라. 이 책은 제목에서도 알 수 있는 것처럼 건축가 김석환의 전통건축에 대한 스스로의 생각과 느낌을 정리한 것이다. 다시 말해, 이 책은 그가 자신의 건축관에 가장 부합하는 대상들을 고르고 그것들을 즉자적으로 해석한 글들의 묶음이다.

이제 질문은 과연 김석환이 꿈꾸는 건축은 어떠한 것인가로 이어진다. 그의 글들에서 반복해서 강조되는 것은, 출세간의 고고함이고 무위와 졸박의 멋이어서, 과연 조선 후기 전통사회의 미학을 대표하는 것들이다. 인위를 최대한 억제하고 마치 처음부터 하늘이 내린 듯 몸을 굽힌 자세를 그는 사랑하는 것이다. 이 때 건축물의 조영자가 가장 노력을 기울이고 능력을 집중해야 하는 부분은 땅을 읽어내는 일이다. 이 땅이 무엇을 말하고 있는지, 무엇을 바라고 있는지를 세밀하게 찾아내고 온몸으로 감응하여야 비로소 결락된 부분을 보족하고 장한 부분을 돋보이게 하는 땅의 건축을 만들 수 있는 것이다. 오백년 사직의 안정됨과 농경사회의 완만함이 이와 같이 힘든 자연감응의 수련과정을 통과하여 조선 후기 전통사회의 건축을 완성하였고, 여기 김석환이 찾은 대상들은 그 완성을 가장 잘 보여주는 사례들이다. 그러고 보면, 그가 운영하는 사무실 이름 역시 '터 · 울' 이어서, 땅의 정령(genius loci)을 강조하는 그의 건축관은 꽤 오래 전부터 축적되어 온 것임을 알 수 있다.

이러한 점에 비추어볼 때, 건축가 김석환이 굳이 지나간 시대의 건축이 갖는 힘을 드러내어 강조하는 것은 결국 근대건축의 몰역사성에 대한 강한 비판으로 보인다. 그의 글들을 읽으면, 건축을 기능으로 파악하고 요소별로 분리하여 합목적적으로 조합하는 근대건축의 복제생산과정에서 진정 결핍된 부분은, 전체로서의 건축환경이 안으로부터 가지고 있던 정신성에 대한 몰이해라는 점을 느낄 수 있다. 오랜 시간 축적되고 많은 사람들에 의해 제련된 역사적 가치를 오늘 갑자기 회복하는 일은 어려운 일이다. 그러나 자신에게 부족한 바를 아는 것이 실천의 첫걸음이다. 김석환이 그러하듯이 눈이 맑은 사람은 이미 느낄 수 있고 고요한 가운데 성찰함으로써 그 맛을 되새길 수 있다. 이 책을 감히 권하는 것은 전통건축이 갖는 현재적 가치를 같이 나누었으면 하는 바램에서이다.

그의 글이 갖는 힘은 한마디로 편안함이다. 학자들의 글쓰기가 다른 것들과의 비교를 통하여 대상이 갖는 특수함을 강조하는 식으로 전개되기 십상인 것과 달리, 김석환의 글은 마치 그곳을 처음 찾아가는 사람들이 가질 만한 다양한 의문과 감상들을 추적하듯이 따라가고 있다. 초심자의 순수한 눈을 담는 형식을 취하는 것이다. 현학적이지 않고 편안한 글쓰기의 태도를 유지하고 있는 것 또한 장점이다. 전통건축이 이야기하는 다방면의 전문적인 식견을 최대한 이해 가능한 현대의 언어로 풀어냄으로써 김석환의 글은 여러 계층의 사람들을 만날 수 있을 것으로 기대된다. 많은 글들에서 그는 전통건축의 배경이 되는 시대와 사상과 기술을 다루고 있지만, 바탕은 언제나 마음–심미적인 감상–에 두고 있다. 마치 건축을 길러낸 토양에는 다양한 영양소가 들어가 있지만 최종적으로 감상하는 대상은 건축의 아름다움 그 자체라는 것을 웅변하듯이 말이다.

건축가 김석환은 재주가 많은 사람이다. 그림과 사진이 건축가들의 취미인 것은 익숙한 일이지만 그는 이 둘에서 아마추어의 수준을 넘어서고 있다. 또, 그는 건축사협회지에 글맛 나는 연재를 통하여 공식적인 기관지의 딱딱함을 누그러뜨리는 글을 실어왔다. 그의 이번 책 역시 '건축사' 지에 연재되는 것을 보고 일전에 필자가 출간을 권한 바가 계기가 되었다고 하며, 그 까닭에 손윗사람의 글에 주제넘은 발문을 쓰게 되었다. 원고를 일독하고 특별히 논증이 필요한 부분을 조금 자문하였다. 만인의 건축가가 만 개의 건축관을 가지듯이, 전통건축을 바라보는 눈 역시 어느 하나로 고정되어서는 안 되고 어느 하나가 지배하여서도 안 된다. 이번 책의 출간이 더욱 반가운 것은 베스트셀러가 지배하는 소통의 시장질서 속에서 새로운 발신지 하나를 확보하였다는 점이고, 우리 건축계의 백가쟁명을 기대하며 장려하고 북돋울 일이다.

서울대 건축학과 교수 전 봉 희

머 리 말

전통건축은 인간이 최초로 이 땅에 무엇인가를 세우며 만족해 할 때의 느낌을 간직하고 있다. 한국전통건축의 주초를 다듬고 그랭이질을 하여 세운 기둥과, 다시 그 위에 걸쳐진 보로부터 전해지는 감각은, 최초의 건축 때 자연의 힘에 대한 두려움과 지음의 기대 속에 완성을 기원하던 마음이 담겨 있다. 그렇게 세워진 건물은 세월과 더불어 무게에 눌리고 비바람을 견딘 힘으로 스스로 다져지며 견실해져 갔다. 그로써 논리적 한계를 벗어나 우주질서와 평형을 이루고 사물로서의 힘과 자연 현상의 힘이 일체화된다. 그리하여 한국전통건축은 그것이 위치한 자연 조건과 지음의 감각이 하나로 어우러진 총체적 감각이 표출되게 된다. 병산서원 만대루는 단지 건물 하나의 느낌이 아닌 하나의 건물에 모아져 발휘되는 주변 풍광의 총체적 힘이다. 봉정사 영선암은 건물 자체로는 두드러진 멋을 찾기 어렵다. 하지만 산란한 대기의 햇살이 이 집의 마당으로 내릴 때면 마치 이슬에 정제되어지기라도 하듯 맑고 고요해진다.

필자는 이 책에 쓴 곳을 찾아갈 때마다 몸으로 스며드는 아름다움을 감각적으로 느낄 수 있었다. 요새 건축 전문가뿐 아니라 미술, 역사, 민속 등 다양한 분야에서 전통건축에 관해 쓴 책들이 활발히 간행되는 추세이다. 그런 마당에 필자가 이 책을 지은 것은 건축가로써 전통건축의 건축적 가치와 힘의 특질을 밝혀보고자 함이었다. 그래서 이곳 저곳의 전통건축을 다 소개하는 일이 아니라 한국전통건축의 참된 아름다움을 설명할 수 있는 대상을 선정했다. 그리고 필자는 필설로 형언하기 어려운 그러한 전통건축의 건축적 감각을 〈좋은느낌〉이라는 말로 표현했다. 자연과 함께 하며 발해지는 전통건축의 아름다움을 설명하는데 있어 논문적 성격보다 산문적인 문체가 더 적합하다고 생각했기 때문이다.

필자는 건축을 이해하는데 있어서 건축의 본질적 가치와 그 모습으로부터 발해지는 감각의 원천을 중시하고자 한다. 그리고 전통건축을 소중히 여기는 것도 바로 그러한 가치를 중시하고 추구된 느낌 때문이다. 존재의 본질적인 질서와 섭리에 따라 자연스러운 모습을 지녔거나 추구했기 때문에 높은 경지의 감각이 지니게 된 데에 관한 관심이라 할 수 있다. 그리고 그것이 진정한 건축적 가치이자 아름다움으로 느껴질 수 있다는 생각을 하고 있다.

건축에 영향을 미치는 자연의 힘을 어떻게 해석할 것인지 막연한 일이지만 자연 본연의 형용할 수 없는 힘, 사물에 감도는 기운, 아취라고 말할 수 있는 현상적인 것 등이 담겨져 표상되는 것이 한국 전통건축의 특질일 수 있다고 여겨졌다. 그것을 현실에 직접적으로 적용될 수 없다 할지라도 그 안에 담긴 건축의 근원적 의미와 감각으로써 이 시대 상황에서 잃어버린 건축적 덕목들을 일깨워지게 되었으면 하는 바램이다.

본문의 글은 필자가 건축사지에 2001년 3월부터 12월까지 연재했던 글이다. 연재중 선배와 동료들로부터 연재를 마치고 책을 내면 좋겠다는 격려에 힘입어 그럴 결심을 하였고 출판사와 미팅도 가졌었지만, 막상 필자 스스로 책을 어떻게 만들면 좋을까 하는 고민속에 차일피일 미뤄오다, 소문을 들은 강해작 사장님의 호쾌한 요청으로 이 책이 만들어지게 되었다. 부족함이 많음에도 불구하고 호감을 가져주신 데 대해 감사드린다. 그리고 포럼 참석차 만난 자리에서 연재중인 글에 관해 관심을 갖고 출간을 권하신 인연으로 추천의 글을 선뜻 써 주시며 본문까지 세심히 살펴 학문적 관점에서 지적해주신 서울대 전봉희 교수님께 깊은 감사의 말씀을 올리는 바이다.

일매헌에서 저자 씀

개정판을 내면서

이번에 「한국전통건축의 좋은느낌」의 개정판을 내게 되었다. 2006년 펴낸 초판은 필자가 2000년도 건축사지에 연재한 글을 엮은 것인데 책을 펴내고 보니 여러 가지 아쉬운 점이 눈에 띄었다. 연재 때 진솔한 필치로 썼던 글을 그대로 옮기고 보니 너무 개인적인 감상이 드러나는 부분도 있고 덜 다듬어진 문장도 눈에 띄었다. 그리고 흑백 사진만을 써서 담백한 맛을 살리려고 한 것이 현장 분위기를 제대로 전하지 못하는 점도 있었다.

필자가 그런 생각을 갖고 있던 차에 출판사 사장님으로부터 칼라 사진을 사용한 개정판을 내자는 제의를 받고 새로 답사를 하면서 사진과 스케치를 준비하고 본문도 가다듬어 이번에 이 책을 내게 되었다.

필자의 책이 출판된 후로 책과 관련된 몇 가지 특별한 행사가 있었다. 책을 펴낸 2006년에는 갤러리 '사진쟁이'의 초대로 「한국전통건축의 좋은느낌」사진전을 개최하였고 2008년에는 영풍문고에서 전시 공간을 내주어 「한국전통건축의 좋은느낌」드로잉전을 개최한바 있었다. 그 때마다 각종 신문과 방송에서 전시가 소개되어 많은 관람객이 전시장을 다녀갔고 방명록에 많은 글을 남기기도 했었다. 그 때 그 글들을 보면서 한국전통건축을 마음속 깊이 사랑하는 분들이 매우 많다는 것을 알고 일종의 책임감이 느껴지기도 했었다. 그리고 우리 전통건축을 애호하는 사람들을 위해 지속적으로 관심을 기울여야겠다는 생각을 가졌다.

필자가 이 책을 쓴 목적은 우리 전통건축의 빼어난 감각을 진솔히 나타내어 우리 건축의 참 멋을 널리 이해할 수 있게 하려 한 것이다. 그리고 이 책에 선정한 곳들은 우리 전통건축의 멋을 대표 할 만하다고 생각한 곳들이다. 창덕궁은 한 나라의 통치를 상징하는 시설로서, 최고의 물자와 인력을 동원하여 한국적 정서가 풍기도록 한 것만으로도 대표적으로 꼽을 수 있고 종묘는 국가 제례를 거행하는 건축물로서 그 성격에 부합되도록 단순하면서도 장중하게 구현되어 최고의 격과 기품을 발하고 있는 점이 크게 다가온다. 그 외에 소쇄원은 조선시대 선비들의 자연을 벗 삼아 스스로 인격을 도야하던 풍습에 바탕하여 최고조에 달한 원림의 멋을 느낄 수 있고, 병산서원은 자연과 어우러져 서정적 멋을 발하는 한국전통건축의 특징을 가장 잘 나타내는 사례로 볼 수 있다. 그리고 선암사는 한국 최고의 고찰로서 깊은 풍모를 풍기며, 부석사는 백두대간의 호쾌한 산세와 관계 맺은 거대한 건축적 안목을 느낄 수 있다. 또한 화암사는 작지만 구도 도량으로서의 입지 성격에 맞게 균형미를 갖추고 있고, 영선암은 수행자의 거처로서 저절로 명상에 빠져 들 것 같은 고요한 마당의 힘을 갖추고 있으며, 독락당은 양반가옥으로서 그 시대 양반가옥의 규범성을 갖추고 있을 뿐 아니라 선비가 스스로 수양하기에 적합한 가옥 구조를 형성한 가운데 자연과 교감할 수 있게 한 점이 매우 빼어나다.

이번 개정판을 내면서 필자는 책의 내용을 보다 충실히 하기 위해서 나름대로 많은 노력을 기울였다. 우선 생생한 사진을 싣기 위해 여러 차례 답사를 다녀왔고 대상지의 감각을 좀 더 폭 넓은 시각으로 살펴보고자 했다. 특히 이번에 좀 더 신경을 쓴 것은 한국전통건축의 입지적 측면이다. 그 사이 백두대간과 낙동정맥을 종주한 경험을 토대로 전체적인 산세와 물줄기의 흐름 속에서 그와 관련한 감각들을 전하고자 했다. 필자는 산맥의 종주 경험을 통해 전통 건축과 입지와의 관련성이 매우 중요하다는 것을 새삼 깨닫게 되었다. 그리고 우리의 모든 전통건축을 만든 선조들이 동양적 자연관과 사유에 투철했음을 새삼 느끼게 되었다.

이번 개정판에는 그러한 현장체험의 사유와 함께 그 느낌을 현장에서 생생한 필치로 담아낸 스케치가 많이 포함되어 있다. 이 책에 수록된 글과 사진 스케치들은 모두 필자가 직접 작업한 것들로서 그 각각의 매체는 서로 다르지만 그에 담긴 감각들은 모두가 같은 느낌으로 전해질 것이라고 생각한다.

이 책에 언급한 곳들은 글을 처음 쓸 때에 비해 널리 알려지고 그 가치도 매우 높게 자리 매김되었다. 그 가운데는 창덕궁, 종묘 등 직접적 대상으로 세계문화유산으로 등재된 곳도 있고 병산서원, 독락당처럼 전통마을과 일괄하여 문화유산에 등재된 곳도 있다. 또 그와는 별도로 병산서원을 비롯한 한국의 대표적인 서원 7곳과 부석사, 선암사 등 한국의 대표적 사찰 등이 세계문화유산 등재가 추진되고 있고 소쇄원 등도 등재가 추진되었던 적이 있다. 그러한 측면을 고려하면 사실상 이 책에 수록된 거의 모든 곳들이 세계문화유산급이라고 할 수 있다. 그리고 필자가 주목한 곳들이 그렇게 평가되어진 것이 마치 나의 일이기라도 한 것처럼 기쁘게 여겨진다.

도로에 의해 끊긴 종묘와 창경궁 사이의 원래 지형을 지금이라도 터널로 하여 복원했으면 좋겠다고 했던 곳은 실제로 공사를 진행하고 있어 다행스럽게 생각한다. 한국전통건축은 이 책에 언급한 곳 이외에도 부분적으로 한국의 멋을 대표할 만한 곳들이 많이 있지만 필자가 선정한 곳들은 한 장소로서의 완결성과 전체적인 짜임새의 멋을 갖추고 있어 특별히 주목했다.

그 동안 이 책을 사랑해주신 독자와 출판계의 어려운 사정에도 불구하고 전폭적인 호의를 보내주신 기문당 강해작 사장님께 심심한 감사의 마음을 전한다.

2013년 8월

일매헌에서 김석환

차례

아! 병산서원. 어떻게 이런 상태에 도달할 수 있었을까? 낙동강의 비단 물줄기를 애정스레 껴안고 늠름하게 서 있는 병산, 그리고 희고 고운 백사장을 넉넉히 비워 두고 은자처럼 유유히 흘러가는 강물, 이 수려한 자연의 풍광이 만대루 마루 위에 앉아 보는 이의 마음 안에서 함께 어우러져 이야기한다.

병산서원
屛山書院

그것은 건물 자체만으로 결코 도달할 수 없는, 잘 다듬어진 건축과 그것이 놓여진 자리에서 생길 수 있는 가장 예민한 상태의 균형이 이루어져 나타나는 것이다.

- 필자의 본문 중에서 -

하회마을 전경

병산서원을 찾아서

지금도 병산서원에 이르면 이 시대의 번잡함을 비켜선 채 과거시대 선비들이 벗하던 산자수명한 정취의 공간과 만날 수 있다. 예천에서 안동으로 향하다 우측 표지판을 따라 가다보면 좌측에 너른 풍산 들녘이 펼쳐 보인다. 그 들 언저리를 가다 나오는 삼거리에서 좌로 난 좁은 길을 가면 어귀에 몇 호 가옥이 보이는데, 거기서 다리를 건너면 높은 언덕너머로 병산서원 가는 길이 이어진다.

서원이 나타나려면 멀었지만 거기서부터 느껴지는 풍광과 정취는 모두 서원의 인상과 연관되어 있다. 부드러운 흙이 패여나가서 울퉁불퉁해진 시골 길은 발걸음이 느릿해져서 실제보다 더 멀게 느껴지지만 그 길을 가는 동안은 마치 서원을 세울 때의 그 시대 속으로 걸어들어가는 듯한 분위기를 느끼게 한다. 그 옆을 흐르는 낙동강 물줄기의 풍모는 그에 면한 삶의 터전에서 경작의 땀을 흘리며 사는 백성이나, 그 산수의 정취를 벗삼아 마음을 닦고자 하는 선비들의 인문적 감각이 더해 어우러져 있다. 고개를 넘어 내리막길로 나오면 하회마을을 굽어 돌아가는 강물이 길 옆으로 흘러간다.

태백산처럼 높지도 않고 서해안 들녘에 서 있는 산처럼 나즉하지도 않은 산들과 어우러진 그 강은 황지연못에서 발원하여 청량산 도산서원과 안동을 거쳐 이곳으로 오는 동안 인고의 세월을 거쳐 깨달은 현자의 풍모를 띤다.

병산서원 주변의 산천은 선비가 수양하기에 알맞은 문기(文氣)의 멋을 지니고 있다. 그리고 탈속한 곳에 위치한 병산서원과 삶터를 품은 하회마을을 멀리서 한눈에 바라보면 평화롭고 수려하게 어우러진 자연 안에서 이루어진 삶의 고단함과 생존을 위한 억센 몸부림으로부터 인간으로서의 존귀한 정신적 가치와 그 지향의 이유만으로 구도자와 같은 투철한 삶을 살며 형성된 인간적 품격, 그리고 검박함과 정제된 기품의 삶터가 공존함을 감각적으로 느낄 수 있다. 고단할 망정 물질적 욕망의 갈급함만으로 그치지 않고 정신적 추구로 여백을 지닌 문화, 그리고 그 체취가 다시 자연에 투영되어 발산하는 느낌이 있다. 그래서 깨끗한 강물과 맑은 공기, 청명한 하늘에 떠가는 구름에까지도 자연 존중으로부터 나온 사상과 그에 순응한 삶이 혼연일체로 비추이는 것이다.

길을 걸으며 당시 유생들이 가졌던 마음도 상상하게 된다. 자연풍광 앞에서 절로 일어나는 서정적 낭만, 교육의 장에 머물면서 지켜야 하는 선비로서의 절제된 몸가짐과 마음의 다짐을 하였을 것이고 그곳 생활을 마치고 나온 선비에게 추억으로 남았을 산수의 정취도 간직되어 있을 것이다.

고갯길을 넘어 서원에 가까이 다다르면 길은 강물의 흐름을 곁에서 느낄 수 있다. 물줄기의 폭은 좁지만 모래 사장 때문에 넓어 대하로 느껴지는 강물이 진갈색과 청색이 어우러진 깊은 맛을 풍긴다. 이윽고 노송이 서 있는 병산서원 어귀에 닿으면 앞의 병산과 화산, 그리고 강물이 어우러진 산수 풍광만이 느껴진다. 하지만 올려다 보이는 서원은 기대했던 만큼 아름답다거나 감동적인 모습과는 거리가 먼, 단지 한 무리 건물이 모여 있는 느낌뿐이다. 그러나 들어가서 우측 고직사 사이로 난 길을 들어가 옆문을 열고 안으로 들어가 마당 앞쪽을 바라보면 그 특별함에 저절로 탄성이 우러나온다.

서애의 생애와 병산서원의 형성과정

사적 제260호인 병산서원은 임진왜란 때 나라를 구한 탁월한 경세가로 칭송되는 서애 유성룡을 배향한 서원으로 경상북도 안동시 풍천면 병산리에 있다. 우리나라 최초의 서원은 16세기 중종 때 우리나라 최초의 성리학자인 안향을 추모하여 세운 소수서원이다. 그 서원이 생긴 후로 김굉필의 유지를 받들어 만든 도동서원을 비롯하여 이언적의 옥산서원, 이황의 도산서원, 병산서원 등 이 땅의 대표적인 서원이 생기며 점차 이 땅에 서원문화가 확산되어 갔다.

유성룡은 학자, 정치가로 자는 이현(而見), 호는 서애(西厓)·운암(雲巖), 본관은 풍산(豊山)이다. 서원이 되기 전 이곳에는 풍산면에 있던 풍악서당을 옮겨 지은 '병산서당'이 있었다. 풍산현에 있던 풍악서당은 공민왕이 지나다 그곳에서 열심히 공부하는 모습을 보고 상찬하기도 했던 곳인데, 200여 년이 지나는 동안 인근에 많은 건물이 들어서면서 유림들이 새로운 터를 물색할 때 서애가 이곳이 적당하다고 일러주어 1572년 서당을 병산으로 옮기고 이름을 '병산서당'이라고 부르게 되었다. 그 병산서당은 1607년 불에 탄 것을 그해 다시 중건하였는데 그 해 서애가 세상을 떠나고 3년 후인 1610년 현재의 사당인 존덕사를 건립하였다.

병산서원은 그 3년 후인 1613년(광해군 5)에 창건되어 유성룡1542~1607(柳成龍)의 위패를 모셨다. 그리고 1629년 서애의 아들인 유진(柳袗)을 추가 배향했으며 1863년(철종 14) 현재의 이름으로 사액받았다. 그런데 올해 초 중국 복건성 답사 때 주자가 살던 생가를 방문하면서 중국에도 같은 이름의 서원이 있었음을 알게 되었다. 그 주자 고가가 있는 마을 주변의 논가에서 '병산서원' 표석을 보았다. 안동의 병산서원의 명칭은 앞산인 병산서원에서 유래된 것으로 보고 있는데, 그를 보면서 주희가 공부했던 오부리의 '병산서원'에서 유래되었을 수도 있겠다는 생각이 들었다.

병산서원의 입지와 서원다움의 감각

병산서원이 위치한 풍산 인근에는 위로 예산과 영주, 남으로 의성, 동쪽 영양, 좌측에 문경, 동북쪽 가까이에는 풍산들이 있다. 그리고 지형상으로 보면 멀게는 소백산(1,439)과 주왕산(청량산(870)과 주왕산(721) 등이 있고 가까이는 학가산(870), 천등산(575) 등이 있다. 그리고 청량산 옆을 돌아 안동을 거쳐 문경으로 흐르는 낙동강이 이 앞을 지나고 있는데 병산서원이 안긴 화산(338m)과 만대루에서 옆으로 길게 펼쳐보이는 병산이 강을 사이에 두고 마주보고 있다. 병산의 지세는 화산을 향해 종으로 뻗친 형국이지만 서원 앞에서 양팔을 벌리듯 되어 펼쳐 보인다. 그리고 화산은 뒤에 평야지대를 이루고 있어 화산 홀로 독립되어 있는 형국인데, 하회를 둘러 흐르는 낙동강은 크게 보아 화산 전체를 감싸도는 흐름으로써 병산서원과 하회마을은 2km 정도 떨어져 있다.

서원에 가면 그만의 향기가 있다. 그것은 서원을 형성하는 입지와 서원만의 쓰임새를 갖춘 시설들이 조화롭게 갖춰진 모습에 의해 느껴지게 된다. 그 가운데서도 특히 서원다움의 체취를 띠는 것은

병산서원 앞을 흐르는 낙동강

입교당에서 본 만대루와 병산

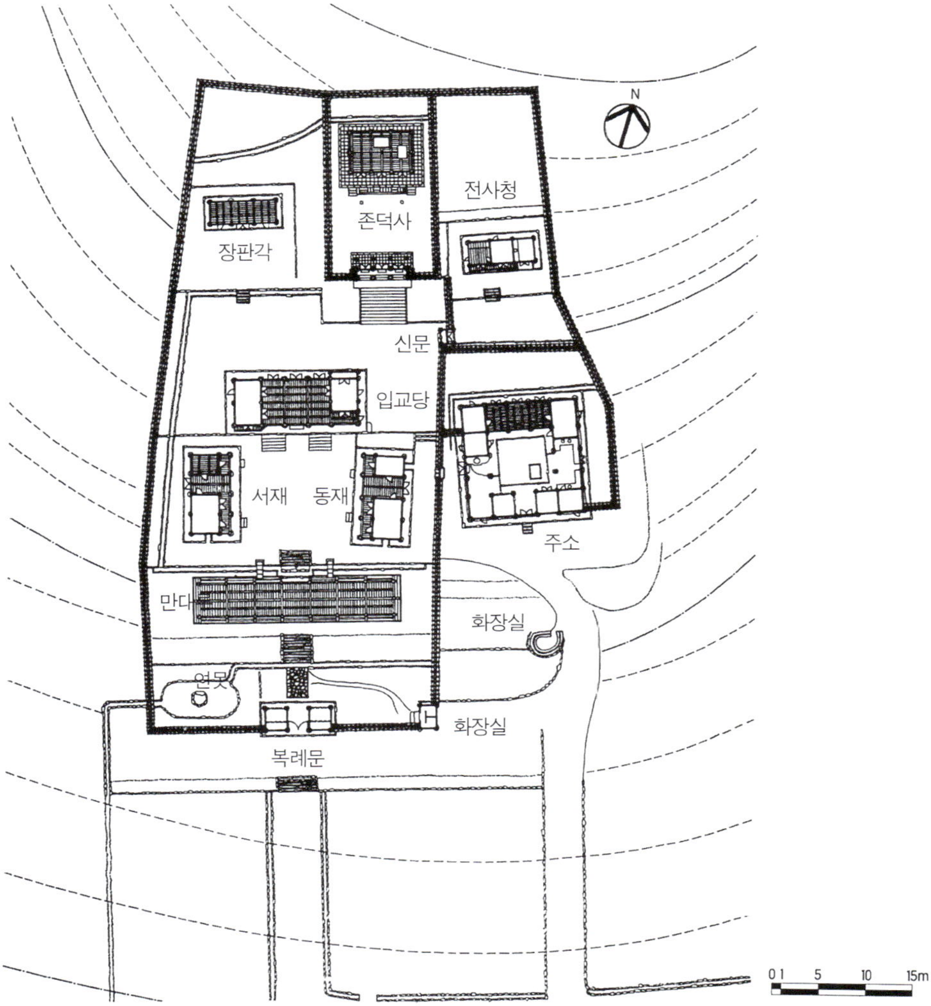

배치도

만대루에서 트여보이는 주변 풍광

학문을 닦는 도장으로서의 규범적 면모와 품성이 스스로 닦여질 것 같은 자연 풍광이 어우러진 인상이다.

전통건축에서 용도별 인상을 형성하는 일차적 요인은 배치의 규범성이다. 즉 궁궐, 사찰, 관아 등 특정 용도의 건축을 떠올리는 것은 개개의 건물로서가 아닌 입지와 여러 건물들의 배치 질서로 인한 총체적 인상이다. 그리고 서원다움은 사당, 강당, 동서재, 장판각, 루 등 서원의 기본 시설들이 각각의 위상에 맞는 위치와 전체적인 질서가 갖춰짐으로써 표출된다. 그리고 그러한 규범성이 결국 서원 고유의 양식성으로 표출된다. 서원은 강당을 중심으로 사당이 전면에 놓이는 형식과 반대로 후면에 놓이는 형식 그리고 자유롭게 놓이는 형식으로 구분할 수 있다. 그런데 일반적으로는 사당을 공간적으로 가장 위계를 높여, 부지 내에서 지형이 높은 후면에 두는 병산서원과 같은 경우가 많았다. 그리고 외부로부터 진입문인 외삼문과 강당, 사당이 중심축을 이루게 하였다. 서원내 그 밖의 건물로는 서책을 보관하는 장서고와 사당에서의 제사를 준비하는 전사청, 그리고 누각을 들 수 있는데 병산서원 건축의 백미라 일컬어지는 만대루는 휴식과 경연에 쓰이도록 지어진 누각 건물이다.

서원다움의 감각은 배치의 규범성뿐만이 아니라 심신 수양에 적합한 입지 특성과도 관련이 있다. 주희가 백록동 서원을 운영할 당시 있었던 일화는 여러모로 서원의 본래성을 시사한다. 주희는 방학 기간 중에 원생들이 없는 틈을 이용해 과거시험 준비생들을 서원으로 불러 들였다. 그러면서 과거시험 합격을 위해 필요한 문장 작성 능력은 자기 자신의 몸과 마음을 갈고 닦는 것과 별로 상관이 없다면서 조용한 환경 속에서 자유롭게 각자의 참된 지적인 진보에 힘쓸 것을 권했다. 그 말에서 무이구곡의 수려한 풍광을 배경으로 세워진 백록동 서원의 입지와 서원의 목적를 떠올릴 수 있다.

성리학을 신봉한 조선시대 선비들은 모든 면에서 주자를 본받으려 했다. 그래서 그가 일생동안 행했던 일화나 그가 세운 건물의 명칭, 그리고 그가 머물며 공부하던 환경에 이르기까지 다각도로 관심을 가지고 따라 행하고자 했다. 그렇지만 조선시대의 서원들은 그 모습과 장소성에 있어 중국의 서원과 여러 가지 다른 느낌을 풍긴다. 중국의 서원은 그 나라의 건축적 전통에 입각해 건물과 마당이 결합된 원(園) 단위의 영역이 반복적으로 짜여진 양상을 띤다. 그에 비해 우리의 서원은 서원내 건물들이 전체적인 규범적 질서를 갖도록 구성된 가운데 자연 풍광과 서정적으로 어우러지게 되어 있는데 그것은 우리의 건축적 전통이 자연과 더 유기적인 관계를 갖도록 이루어져 왔기 때문이다.

특히 병산서원에서 살펴 볼 수 있는 자연과 건축의 합일적 상승 감각은 유래를 찾아 볼 수 없을 만큼 빼어난 것이다.

서원의 도학적 삶의 체취

넘나들 수 없는 신분사회이고 그로서 기층민의 숱한 희생과 인간적 좌절을 겪게 했지만 조선의 선비사회는 무모하리만큼 이상주의적인 면이 있었다. 그들은 현실 가운데 도를 실천하고자 했기 때문이다. 그리고 우리가 병산서원에서 느끼게 되는 격조는 바로 그러한 고결한 삶의 태도가 낳은 체취이다. 조선은 건국하면서 성리학을 국시로 삼았다. 그렇게 한 이유는 사상적 우월성보다 정치적 의도가 더 컸다.

정도전, 조준, 권근 등 조선의 건국 주도 세력들은 신흥 학문인 성리학을 신봉했던 사람들인데,

병산서원 사당(존덕사)

마당을 중심으로 통합된 공간구조

정면에서 본 복례문과 만대루

유교사상에 있는 교화와 덕치주의가 현실에 대한 개혁적 성향을 갖고 있었으며, 또 그로 인해 구세력을 무력화시킬 수 있었기 때문이다. 그러한 정치적 의도야 어떠했든지 그로서 이루어진 문화는 격조 높은 상태로 되었고, 우리는 불교문화와 쌍벽을 이루는 수준 높은 문화유산을 지니게 되었다.

사찰이 종교적 수도원이라면 서원은 성리학에 통달한 선비를 양성하기 위한 현세의 수도원이었다. 사대부들은 자제의 교육에 커다란 관심을 쏟았는데, 그 자제들은 과거에 급제하여 가문의 명예를 이어가게 하려는 목적으로 부모에 의해 선발한 일종의 계주자(係走者)였다. 서원에서의 공부는 수양뿐 아니라 과거시험에 대비하기에도 아주 효율적인 과정이었다. 출세한 상류층의 정보교류에 의해 이미 시행되었던 풍부한 사례와 시험의 출제 경향을 파악할 수도 있었기 때문이다.

조선시대의 대표적인 교육기관은 향교와 서원인데, 그 중 향교가 이른바 국민 교육기관이라면 서원은 사대부가의 자제들을 대상으로 교육을 하는 곳이었다. 그 뿐 아니라 서원은 상류층 문화를 유지해 가는 도장이 되었다.

복례문 안쪽

병산서원은 서원다움의 감각과 입지성 측면에서 매우 고아한 품격을 지니고 있다. 그 안의 건물들은 쓰임에 따라 크게 사당, 강학당, 관리사의 영역으로 구분할 수 있는데, 먼저 후면 사당인 존덕사는 사당으로 그 안에는 서애 류성룡 선생과 셋째 아들 류진의 위패가 모셔져 있다. 서원은 창시할 때부터 배향한 선현의 위패를 모시고 때마다 제례를 올리며 학문에 임하는 마음을 가다듬었다. 그리고 그 옆 별도의 담장이 둘러쳐진 전사청은 존덕사에서 쓰이는 제물을 준비하는 곳이다. 그리고 그 외 강학당 영역에는 입교당 동서재, 만대루 장서각 등이 있고 별도로 관리를 위한 고직사가 있다.

서원의 일차적인 기능은 스승이 유생들을 모아 놓고 가르치는 일이다. 그리고 서원의 교육 방법은 유생들이 입교한 후 일정 기간 스승과 숙식을 같이 하는 공부였다. 입교하는 유생들은 대부분 이미 진사 생원시에 합격한 사람들이어서 서원의 교육은 좀 더 수준 높은 교육을 행할 수 있었다. 입교당은 정면 다섯 칸 측면 두 칸의 팔작지붕 건물로 가운데 세 칸은 대청이고 양쪽 간 한 칸은 온돌방으로 되어 있다. 그 대청마루에 스승을 보고 제자들이 둘러 앉아 그날의 공부 주제에 대해서 자신의 생각을

晩對樓

말하고 스승의 강론을 듣는 토론식 강의가 행해졌다. 동쪽의 명성재는 원장이 쓰던 방이고 서쪽 경의재는 부원장실과 운영진의 공간으로 쓰였다. 그 입교당 앞에는 불을 밝히던 정료대가 놓여 있다. 그리고 입교당 후면의 장판각에는 각종 서책을 간행하던 목판과 유성룡의 문집을 비롯한 각종 문헌 1,000여 종 3,000여 권의 책이 있다.

입교당 전면 좌우의 동 · 서재는 유생들이 기거하던 숙소인데 동재(東齊)는 상급생이 쓰고, 서재(西齊)는 하급생이 썼다. 두 건물 모두 정면 4칸에 측면 2칸 규모인데, 규모는 같지만 평면상에서는 약간의 차이가 있다. 즉 동재는 입교당 측에 유사실로 쓰던 한칸 방과 한 칸 마루, 그리고 유생들이 거하던 두 칸 방으로 구성되어 있는데, 서재는 두 칸 마루와 두 칸 방으로 되어 있다.

강학당 전면에 길게 놓인 만대루는 병산서원에서 가장 멋스럽게 느껴지는 건물로 공부에 지친 유생들의 휴식과 경연에 쓰이던 것인데, 만대루(晩對樓)의 만대(晩對)는 아래 두보의 시 "벽제성루에 나오는 푸른 절벽은 늦은 오후에 대할 만하니(翠屛宜晩對)"에서 따온 것이다.

일출 햇살이 비추는 서원 안마당

만대루 기둥 사이로 병풍처럼 펼쳐 보이는 자연 풍광

白帝城樓

杜甫

江度寒山閣　城高絶塞樓　翠屛宜晩對　白谷會深遊
急急能鳴雁　輕輕不下鷗　　陵春色起　漸擬放扁舟

강은 겨울 산 누각 옆을 지나고 / 성은 높아 변방의 보루에 우뚝하다
푸른 병풍 같은 산 늦도록 마주할만하고 / 하얀 계곡은 모여 오래 놀기 좋아라
급하게 울음 우는 기러기 / 가볍게 내려오지 않는 갈매기
이릉에는 봄빛이 시작되니 / 차차 작은 배나 띄어볼까

그리고 정문인 복례문은 공자가 말한 극기복례(克己復禮)에서 유래한 것으로 그곳에 들어서기 전 예를 살피라는 뜻이 담겨 있다. 어느 날, 제자인 안회가 인(仁)을 묻자 공자(孔子)께서 "나를 이기고 예(禮)로 돌아감이 인(仁)이 된다. 하루 동안 나를 이기고 예(禮)로 돌아가면 천하가 인(仁)으로 돌아간다. 인(仁)을 행함은 자기를 말미암은 것이니 다른 사람에게 말미암겠는가?" 안연이 그 조목을 묻자, "예(禮)가 아닌 것은 보지 말고, 예(禮)가 아닌 것은 듣지 말고, 예(禮)가 아닌 것은 말하지 말고, 예(禮)가 아니면 행동하지 말라."고 했다.

형식적 폐합과 서정적 융화

한국전통건축에서 멋이 획득되는 것은 건축 자체 형태만이 아닌 주변 자연과의 균형 여부가 큰 비중을 차지한다. 그 균형 여하에 따라 시정의 아름다움이 나타나기도 하고, 은일한 기운이 느껴지기

만대루 오름계단

강둑 언덕 같은 만대루의 마루

자연스러운 만대루의 지붕구조

만대루에서 트여보이는 주변 풍광

만대루 루하부

병산서원 만대루 스케치

도 하고, 시원스런 눈 멋을 접할 수 있게 되기도 한다.

인위로 다듬어진 건축이 더욱 아름답게 느껴지는 것은 다듬어지지 않은 자연에 대한 대비의 인식이 생기기 때문이다. 그 중 병산서원의 멋은 유별난데 그것은 건물과 배경이 투명한 관계 맺기를 하기 때문이다. 그리고 병산서원의 멋이 최대로 느껴지는 것은 입교당에서 넘겨 보이는 만대루와 병산과의 중첩된 이미지가 적정한 균형을 이루는 상태일 것이다.

위계가 구분된 입고당과 서재

한국전통건축에서 마당의 건축적 의미는 매우 크다. 즉 그것은 건물 내부 공간의 쓰임과 밀접한 연계성을 가지며, 영역의 중심성을 갖기도 하는데 여기서도 강당과 동 · 서재 만대루로 폐합된 마당이 중심을 이루고 있다. 그런데 보통 폐합구조로 되면 건물의 뒤편은 보이지 않고 단절된 채 폐쇄된 하나의 영역만을 인식하게 된다. 그에 비하여 어느 한 쪽이라도 트여 있을 때는 주변의 자연과 공간적 연속성을 갖게 되지만 그 주변의 자연이 제대로 인식되지 않으면 서정적인 느낌이 부가되지 않을 것이다. 그리고 외부로 열려 있기만 하면 공간의 성격이 분명하지 않게 되고 완전히 닫혀 있으면 다른 공간과의 대비를 알 수 없게 된다. 하지만 여기서는 만대루 너머로 병산의 아름다운 산자락이 제대로 보여 그 풍광을 모두 음미할 수 있게 되어 있다. 그렇지만 여기서도 만대루가 입교당 쪽으로 조금 더 가깝거나 멀거나 하면 서원영역과 대비된 외부 세계를 제대로 느낄 수 없었을 것이다. 그런데 그 평형을 건축의 위치와 크기가 결정짓고 있다.

입교당에서 볼 때 저만치 떨어져 부유해 보이는 만대루는 하나의 쉘타이면서 열린 이중적 기능을 하고 있는데, 그러한 상태가 공간을 다면적이고 풍부하게 느껴지게 한다. 그런데 만약 만대루가 서 있는 지형이 마당의 지면과 연속된 상태로 평평하였다면 또 그렇게 느껴질 수 없을 것이다. 그처럼 만대루의 위치를 정하는 일이야말로 절묘한 감각의 선택이었다. 그러한 지형을 이용한 적정한 배치의 조건에 의해 휴식공간인 만대루는 자신만의 영역으로 존재하고 입교당은 멋의 유혹에 빠지지 않은 채 강학 기능에만 충실할 수 있게 된다.

만대루에서 트여보이는 주변풍광

지음의 수법에서 느껴지는 미학정신

조선시대에 미학은 불교의 화미미학(華美美學)으로부터 성리학의 태극미학(太極美學)으로 변했다. 성리학은 13세기 초 중국의 주희에 의해 정리되었는데, 삼라만상의 생성과 그 이치를 이기(理氣)론으로 규명한 사상이다. 만물이 이(理)와 기(氣)의 작용에 의해 생성되고 변화되는 것으로 보았는데, 그 뿐 아니라 인간의 성품과 마음까지도 이기(理氣)론으로 해석하려 했다. 태극은 그 양면성이 내포돼 있어서 이와 기가 하나로 결합되어 있음을 보여주는 도형이다.

과거 불교사상에서의 미학은 통일되고 화려한 성격을 지녔다. 건축에 사용되는 재목 공급이 원활하여 장대목 사용, 곧은 나무 이용, 다양한 수종이 적재적소에 이용할 수 있었고 풍부한 노동력이 동원될 수 있었다. 그래서 부재 하나 하나에 공예하듯 많은 공력을 들여서 배흘림기둥 항아리보 쇠서나 우미량 등이 가공되어 쓰였다. 수덕사 대웅전이 대표적인 예로서 그 건물은 현존하는 목조 건축 가운데 화미미학의 가장 높은 형식적 완결성을 보이고 있다. 그런데 태극미학은 기의 흐름을 중시한다. 구조도 뒤틀린 나무를 그대로 써서 형식보다 조화를 중시했으며, 배치상으로도 건축을 위치하는 주변 자연과 마치 태극의 결합처럼 되게 하려 했다. 관념론적 도식성을 벗어나 점차 자연사물과 감각적으로 균형을 추구하였다. 도식성이 강하던 궁궐과 서원 등의 건축에서도 배치상 대칭적 엄격성으로부터 점차 벗어나, 도식성에 바탕을 두되 정서적 감각을 중시했다. 그래서 이곳 병산서원에서도 우리의 인식에 지배적으로 작용하는 것은 형식이 아니고, 건물과 주변이 한데 어우러진 정서이다.

또 태극미학은 인간의 욕망을 절제하고 억누른 작품을 더욱 아름답게 생각했다. 그에 따라 소박하고 작은 것, 거칠지만 두터운 맛, 대담한 생략, 그리고 빈 여백이 아름답게 느껴질 수 있다. 고려의 청자는 화려함의 극치인데 비해, 조선의 백자는 소박 담백한 멋을 보여준다. 만대루에 쓰인 부재도 자연 상태의 형상 그대로 담백한 맛을 풍긴다. 그리고 세월을 머금어 고풍스럽게 변한 목재의 무늬결은 더 친근한 멋을 느끼게 한다.

풍광을 드나드는 바람이 머무는 곳

병산서원의 만대루는 풍광을 드나드는 바람이 머무는 곳이다. 아니 그 건물 자체가 바람처럼 형체 없이 느껴진다. 그것은 마치 형체를 가진 것이 제 형체를 남에게 모두 주고 자신은 몸을 비운 상태

만대루 앞쪽의 풍광

의 느낌이다. 기능적으로 만대루는 조망을 위한 대를 쌓은 것과 같다. 그 통나무 계단을 오르는 것은 마치 강 너머를 구경하기 위해 언덕에 오르는 것과 같다. 그것은 조망의 언덕일 뿐 아니라 들떠 있는 구조에 의해, 하늘을 나는 듯한 상큼한 기분이 들 수 있게 된다. 서원 마루에 걸터앉아 만대루의 실루엣 사이로 병산을 바라보고 있노라면 우리 앞에 이러한 유산이 존재한다는 것이 너무도 감사함과 벅찬 감동을 갖게 한다. 이 건물은 자연과 건축이 어우러진 최고의 격조 상태를 보여주고 있다. 그래서 보는 이의 마음에 시정의 감정을 불러일으킨다.

아! 병산서원. 어떻게 이런 상태에 도달할 수 있었을까? 낙동강의 비단 물줄기를 애정스레 껴안

병산서원 앞 강변풍광

고 늠름하게 서 있는 병산, 그리고 희고 고운 백사장을 넉넉히 비워 두고 은자처럼 유유히 흘러가는 강물, 이 수려한 자연의 풍광이 만대루 마루 위에 앉아 보는 이의 마음 안에서 함께 어우러져 이야기한다. 그것은 건물 자체만으로 결코 도달할 수 없는, 잘 다듬어진 건축과 그것이 놓여진 자리에서 생길 수 있는 가장 예민한 상태의 균형이 이루어져 나타나는 것이다. 만대루는 동서재의 윤곽을 따라 폐합된 윤곽선을 따라 놓여 있다. 그러나 그것은 실루엣의 윤곽선일 뿐 다른 건물과는 연결되어 있지 않고 중정의 윤곽을 유지한 채 자유로이 독립되어 있다. 지붕은 팔작지붕이지만 길이가 길어 맞배지붕처럼 보이는데, 지붕의 적당한 무게감은 트인 기둥 간 사이와 허와 실의 좋은 균형 감각을 느끼게 한다.

화려하거나 과장되지 않은 진실함, 간결하고 힘찬 글씨와 같은 예지, 그리고 조용하고 신중한 몸가짐에서 느껴지는 인격을 대하는 것과 같다. 그 고고한 조영정신으로 하여 병산서원은 한국건축이 도달했던 최고의 경지를 보여주고 있다. 자연과 건축이 어우러져 커다란 시정을 자아내는 이러한 예는 세계 어느 곳에서도 쉽게 찾아볼 수 없을 것이다.

瀟灑園中景　소쇄원의 빼어난 경치
渾成瀟灑亭　한데 어울려 소쇄정 이루었네
擡眸輪颯爽　눈을 쳐들면 시원한 바람 불어오고
側耳聽瓏玲　귀 기울이면 구슬 굴리는 물소리 들려라

소쇄원 48영 중 제1영 －하서 김인후－

소쇄원 瀟灑園

땅으로부터 느껴오는 감각

어느 땅에 들어서면 그 고장의 인심과 풍토가 감각적으로 느껴진다. 소쇄원이 위치한 고서 들녘 주변 산천은 평이해 보이지만 결코 평이하지 않은 곳이다. 광주에서 창평으로 가다 고서를 거쳐 소쇄원으로 향하는 길 주변은 그리 넓거나 크지도 않지만 평이해 보이는 자연조건으로부터 배어나오는 평화스럽고 아름다운 기운이 감돈다. 그곳에 가사문학권이 형성된 인문적 토양과 인물의 탄생은 우연할 것 같지 않다. 평이한 산자락이지만 높지도 않고 낮지도 않게 펼쳐 보이는 산 굽이와 계곡의 완만한 흐름에 선한 기운이 서려 있다. 그러한 기운이 그 고장에서 자라난 사람들의 심성을 맑게 하여 문학을 사랑하게 되기도 하고 도법자연(道法自然)을 체득하며 자연과 더불어 심신을 수양해 나가도록 했을 것 같다.

자연의 포근한 품으로부터 생겨나는 듯한 그 평화로운 분위기는 광주호를 지나는 자미탄 주변에서 최대로 되는데 자미탄의 완만한 흐름과 주변의 야트막한 산이 잘 어우러져 있어 그로부터 인간의 삶과 그 터전이 오롯이 어우러진 편안함이 느껴진다. 그러나 우리가 이 지역을 가면서 느끼는 편안함은 현대에 수도꼭지를 틀면 물이 나오는 그런 것이 아니다. 그것은 원래 그대로임으로 해서, 소박함으로 해서, 문명의 때가 끼지 않음으로 해서 생겨나는 편안함이다. 아직도 문명의 혜택으로부터 약간은 비켜 있는 순박함이 있고 아쉬움도 있는 곳, 그래서 순결한 느낌이 살아 있는 곳. 그 땅은 옛날부터 땅과 함께 살아온 선조들의 삶의 태도가 면면이 이어온 곳이기도 하다.

식영정 앞 자미탄을 날고 있는 백로

자미탄의 여름 정취

소쇄원 인근의 고즈넉한 풍광

신록이 번지는 봄철의 광풍각과 제월당

고서 들녘을 가다 제일 먼저 나타나는 식영정이 광주호를 내려다보며 서 있고, 소쇄원을 향하는 자미탄 양옆 언덕에 전망이 펼쳐지는 곳마다 식영정, 환벽당, 취가정 등 소담한 정자들이 연이어 서 있다. 그래서 이 부근에 오면 조용하고 명상적인 분위기에 옛 선비들의 시조가락이 들릴 것만 같은데, 실제로 이곳은 정철이 머물며 사미인곡 등 주옥 같은 시조 작품을 탄생시킨 가람 문화의 산실이다. 이 조용한 곳에 은일의 삶을 택한 선비 시인 묵객들은 아담한 정자를 지어 벗과 함께 시담을 나누었다.

이곳은 과거 이 지역의 중심 고을이던 창평과 이웃해 있는데 같은 산세에 접해 있으면서도 활달함과 아늑함의 차이를 보인다. 즉 창평은 마을 들녘에서 열심히 일하며 살아가는 본가가 있는 고을의 성격인데 비해 고서에서 남면으로 이어진 이곳은 아기자기한 산세가 개울과 어우러져 수려한 풍광을 이루는 곳으로 별서를 이루어 한가롭게 찾아들고 싶은 분위기이다.

조선 중기 학자 김성원의 '서하당 유고'에 그려진 '성산계류탁열도'는 환벽당과 식영정 사이의 성산계류에 모여 더위를 씻으며 시화를 즐기는 풍경을 담은 그림인데 산과 물이 한 폭의 산수화처럼 어우러진 모습으로 시적인 감흥이 절로 일어날 것 같은 느낌이 든다. 그리고 식영정과 소쇄원의 뒷산을 오르면 송강 정철 등이 일상에서의 감회를 남겼던 자취들이 남겨져 있는데, 가사문학관 뒤에 있는 삿갓봉에서 식영정으로 이어지는 능선길에는 송순과 더불어 가사문학의 대표적 인물로 꼽히는 송강 정철이 이곳을 오가며 쓴 시가 남아 있어 그의 체취를 대할 수 있다.

만수동인가 萬壽洞隣家

정 철

咫尺家居併　내가 사는 집 지척인데
經年得一來　해를 넘겨 겨우 한 번 찾아 왔다네
東墻千挺竹　동녘 담 아래 천 그루 대나무(대숲)
依舊影侵杯　그림자 예와 변함없이 술잔을 찾아드네

만수명산로는 지실에서 창평을 넘나들던 옛 능선길로 송강이 자라던 청소년시절의 추억이 담긴 곳인데 이 시에는 송강이 낙향한 만년에 늙고 병든 몸으로 이곳을 다시 찾으며 느끼는 감회가 나타나 있다.

면앙정

송강 가사문학의 터

환벽당

소쇄원 뒷산에서 바라본 아늑한 산세

소쇄원 주변의 인문적 체취

소쇄원이 위치한 주변 일대는 그윽하고 산자수명한 기운이 감돈다. 언제나 느껴지는 그 느낌은 알맞게 넓은 토지에 살가운 개천이 흐르고 낮고 구릉진 낮은 산자락 뒤로 멀고 크게 에두르는 무등산이 청아한 느낌으로 운치를 높이고 있기 때문이다. 그 배경에서 이 일대는 소쇄원과 더불어 독수정, 식영정, 환벽당 등 고려 말과 양산보 시대에 살았던 명망 있는 선비들의 자취가 깃들어 있고 성산별곡, 사미인곡 등 우리나라 가사문학의 대표적인 작품들이 탄생하여 가사문학의 산실로 불린다.

이 지역에 자기 수양과 은일적 사림 문화의 전통이 형성된 것은 고려가 망할 때 불사이군을 외치며 낙향하여 독수정을 짓고 은거한 전신민과 연관지을 수 있다. 고려 공민왕(1351~1374) 때 병부

울창한 대나무 숲 진입로

상서를 지낸 전신민은 고려가 망하자 두 임금을 섬길 수 없다며 이곳에 내려와 독수정을 짓고 은거했다. 독수정이란 이름은 이태백의 시에서 따온 것으로 스스로 은거하며 수양하는 선비의 고결한 뜻이 나타나 있다.

그 후 사촌 김윤제(1501~1572)가 지은 환벽당과 서하당 김성원(1525~1597)이 장인인 석천 임억령(1496~1568)을 위해 지은 식영정, 그리고 이곳 소쇄원 등이 자리를 잡으면서 이 지역은 선비들의 활동 무대로 정착되었는데 각각의 장소에는 당시 선비들의 삶을 느낄 수 있는 여러 가지 일화도 함께 전해진다. 그 중 환벽당은 사촌 김윤제와 송강 정철(1536~1593) 사이의 그림 같은 일화로 유명하다. 사천이 낮잠을 자다 조대에서 낚시질을 하다 용을 낚아 올리는 꿈을 꾸게 되어 일어나 조대로 내려가 보니 어린 사내 아이가 놀고 있었는데 그 아이가 바로 훗날 가사문학의 대가가 된 정철이었다. 또한 한국 가사문학의 시조라 할 수 있는 송순(1493~1583)은 양산보와 이종사촌으로 이곳을 자주 왕래하며 교우하였고 사돈지간인 하서 김인후도 왕래가 빈번하였다.

그리고 당시 '식영정 사선(四仙)' 이라 불린 임억령, 김성원, 고경명(1533~1592), 정철 등은 성산의 경치 좋은 20곳을 택하여 20수씩 모두 80수의 식영정 이십영(息影亭二十詠)을 지은 것은 유명한 이야기로서 후일 정철의 '성산별곡' 의 밑바탕이 되었다.

은일사상과 소쇄원

인류의 역사는 현실 중시의 기조를 견지해 왔다. 동양의 군주사회 자체가 가부장적 세계관의 연장으로서 현실 지향의 유가사상에 바탕을 두고 있기도 하고, 또 국가라는 속성상 사회 구성원이 이끌릴 무엇인가를 끊임없이 제시해야만 되기 때문이기도 하다. 그래서 인간사회란 것이 고상함보다 현실적 질박함을 더 띠어 왔다. 그런데 인간의 문명은 자연 위에 인위를 누적해 온 일로서, 도 사상에서 보

면 도에 반하는 일이고 다른 의미로는 원죄가 수반되는 일이라 할 수 있었다. 그리고 그 인간사회의 속성상 사람들은 사회적 구속의 필요성과 자아 추구와의 사이에 갈등을 의식하기 마련이다. 하지만 동양에서는 포괄적 사유의 전통으로 인하여 현실 밖 관념의 세계에 대한 중요성을 간과하지 않았다. 아니 어쩌면 그 가치로서 현실에 의해 수반되는 모순들을 회복하고자 했는지도 모른다. 그런데 사람들은 대부분 그것을 종교 영역으로 인식했다. 대체로 종교는 세속적 가치와의 단절을 통한 본래로의 환원을 개념으로 갖고 있는데 불교의 출가, 세례와 거듭남, 도교의 우아일체 사상에서 볼 수 있다.

그런데 역사상 어느 시기에 현실과 관념적 이상, 그 두 가지를 현실에서 통합해 이루려는 사상이 등장했다. 주희에 의해 정리된 이학(理學) 혹은 신유학(新儒學)이 그것이다. 그리고 후에는 성리학으로 불리었다. 공자에 의해 탄생한 유학은 본래 불교나 도가보다 논리적인 구조가 취약하였다. 철학적 체계면에서 소홀했던 점 때문에 도가나 불가와 같은 철학적 체계를 갖춘 사상들로부터 끊임없는 공격을 받게 되었다. 그런 배경 속에서 기존 유가의 바탕에 불교사상의 보완 체계로 이루어진 학문이다. 그리고 성리학의 핵심 개념인 이(理)와 기(氣)는 이사무애, 사사무애와 같이 불교사상에서 나온 것이다. 중국의 당 · 송 때는 은일문화가 형성되고 도가와 선종의 영향이 확산된 시기이다. 유학적 전통 위에 도가가 융합된 낭만주의 풍조가 생겨나서 무릉도원을 꿈꾸고 무이구곡이 만들어졌다. 그 시기 신유학자로서 당송 8대가가 있고 장재, 소호, 주렴계, 한규, 두보, 이백 같은 송조 6현이 있다.

원래 세상에는 치가 앞서지 않았다. 그래서 치가 드러나지 않게 이루어졌던 요순시대를 이상으로 여긴다. 그리고 치는 원래부터 자연스러움이 아니었으므로 도와 부딪쳤다. 그래서 노자는 공자에게 유가 안에 있는 인의예지의 명분과 공명심마저 버리라 했는데, 도덕경은 인간이 고정관념으로 형상화시켜 세상을 보는 것을 경계하도록 일깨운다. 그래서 이름 불리워지는 것이 다 헛되다 하여 무상의 눈으로 세상을 보는 것이 도의 기본이라 했다. 그리고 불교의 금강경에서는 세상 만사를 꿈이거나 물거품 같이 보라고 가르친다. 또 신선사상은 인간의 복된 삶이 하늘과 땅을 경애하고 자연의 섭리를 따라 스스로를 낮추는데 있다고 보았다. 그 사상들이 말하는 것은 인위의 질서로부터 우주 본연 질서로의 나아감이다. 그래서 인간의 삶에 현실 참여만이 중요한 것이 아니고, 은일적 삶이 위대하게 생각될 수 있었다.

소쇄원도 자연에 귀의하듯 내밀히 머무는 곳을 만든 것이다. 은일의 개념은 근대철학의 중요 관심사 중 하나인 소외와 상통하는 의미가 있다. 그러나 서양철학의 소외는 아픔으로 규정되지만, 은일은 현실을 벗어나 어려움을 자초함으로써 자유를 누리는 패러독스가 있다. 그리고 그것을 구도와 연관지어 생각하게 되었다. 그처럼 은일에는 능동적인 긍정이 있지만 현실을 떠난 아픔이 어딘가 내재함으로써 종교적 초월과 구분 지어진다. 현대인들은 양산보가 소쇄원을 짓고 처사의 삶을 살다간 것

광풍각과 제월당으로 통하는 길

소쇄원 안밖을 가르는 닷담과 대봉대

소쇄원의 자연지형과 건물

이 낭만처럼 인식할 수 있으나, 그가 스승의 죽음으로 회의를 품고 은일을 택한 삶 마음 한구석에 한이 감춰져 있었을지도 모른다.

한국전통 원림의 진수

광주호를 굽어보는 식영정을 지나가다 보면 왼편에 소쇄원이라고 쓴 표지판이 보인다. 그 표지판을 따라 완만한 오름길을 조금 걸어 들어가면 정갈한 대밭에서 시원한 기운이 서려 오는데 여기가 소쇄원 입구이다. 그 입구로 들어선 길을 따라 올라가다 왼편을 바라보면 계곡을 건너는 외나무다리가 걸쳐져 있고 그 너머로 아른히 청정한 세계가 느껴진다.

중국소주의 망사원

일본교토의 료안지

소쇄원은 한국정원의 멋이 최고로 구현된 곳이다. 이곳은 넓지 않은 낮은 산기슭이지만, 계곡의 개울과 절벽 바위와 수목 등 자연 요소를 두루 갖추고 있다. 하지만 명승지로만 본다면 전국에 그보다 빼어난 절경을 많이 찾아볼 수 있을 것이다. 이곳의 탁월한 성취는 거창한 자연 경관에 의존한 것이 아니고, 평범한 장소에서 그 잠재력을 시적으로 승화시킨 데 있다. 친밀하면서도 기품 높은 이미지는 적당한 넓이의 과도하지 않은 경관 속에, 검소한 선비의 은일 자적한 생활과 조화되기 때문이다. 어디서나 볼 수 있는 수목과 개울이건만 여기서는 도의 기품이 서려 있다. 은자의 겸허한 태도로 자연에 군림하려 하지 않는 절제의 미덕이 그러한 상태를 띠게 되는 것이다.

소쇄원은 산자락의 아래쪽 기슭에 위치하고 있다. 뒤에 의지한 든든한 산세는 소쇄원에 깊은 자연의 기운을 불어 넣는다. 모태와 같이 그로부터 산바람이 불어오고 물줄기가 형성된다. 그로부터 흘러온 계곡물 주변 완만해진 경사지의 터는 평온하게 자연의 정취를 감상하며 머무를 수 있는 좋은 조건이 된다. 그리고 더 넓은 시야로 와 닿는 하늘과 흰 구름은 이곳의 분위기를 더 그윽하게 하는 배경이 된다. 소쇄원의 주인은 산세와 터의 범상치 않은 기운을 기쁜 마음으로 찾아냈을 것이다. 그곳에 머물고 소요하며 자연의 오묘함에 동해 만족해하기도 했을 것이다. 그리고 그와 더불어 벗할 사람이 찾아들 때 예법에 따라 손님을 만나고 함께 정자에 올라 시음을 하기 알맞은 정자를 짓고자 했을 것이다. 현재의 예사롭지 않은 느낌은 그것을 만든 사람의 건축적 안목이 높아서가 아니라 자연과 더불어 도를 궁구하던 그들의 인문적 정신에 의해 조성되어 있다고 할 수 있다. 옛 선비들이 숲과 물과 바위가 어우러져 이루어진 풍경 하나하나에서 우러나는 멋을 소중히 여기고 그것을 볼 줄 아는 마음을 간직하고 있었기 때문일 것이다.

광풍각을 돌아가는 다리

제월당 넘어보이는 무등산

한국의 정원은 중국이나 일본과 다른 독특한 성격을 지니고 있다. 중국정원은 여러 가지 수목을 심고 건물을 화려하게 채색하며, 괴석과 같은 장식 요소를 많이 도입한다. 그리고 일본 정원은 정원 전체를 한 그루 나무를 분재하듯 인위의 손길로 최대한 다듬는다. 그에 비해 한국정원은 인위를 가하되 손길이 닿지 않은 듯이 자연스럽고 그윽한 멋을 갖는 것이 특징이다. 어느 곳을 꾸미기에 앞서, 그 곳 자연 고유의 정취가 가장 효과적으로 발하는 상태를 생각하고 그 느낌이 잘 드러날 수 있는 한도의 손길을 가한 것이다. 만약 그러한 분위기가 재화적 투자로만 이룩될 수 있는 것이라면, 지금이라도 재벌의 손에 의해 이보다 훨씬 더 크고 화려하게 꾸밀 수 있을 것이다. 하지만 그렇게 한다면 소쇄원과 같은 자연스러운 멋은 성취될 수 없을 것이다. 옛 정원의 조영 방법은 주어진 대상지 모두를 인위적으로 꾸미려는 현대적 사고와는 달리, 멀리 주변의 정서가 그곳에 고여 들게 하고, 그 정서를 머무르는 자가 누리게 함으로써 본래 자연보다 더 격조 높게 느껴지게 하였다.

요새 사람들은 소쇄원을 합리주의 사고로 멋의 비밀을 분석하려 들기 쉽지만 그 시대 사고로는 단지 여느 정자를 지을 때 같은 위치 선정과 동선 흐름에 대한 구상에 고심하였을 것이다. 그 구상의 발단은 소요와 머무름의 구성에 있다. 선비들이 산수를 벗삼아 머물러 글을 읽다 휴식때 산책하던 습성대로 풍광을 음미하며 한가하게 이리저리 걷다가 쉬고 싶을 때 머무를 수 있게, 사람들이 무의식적으로 움직여 가는 그 루트상의 적당한 장소에 건물이 나타나도록 해 놓았다.

소쇄원 계곡에 다리가 두 개 놓여 있는데 순환 동선으로 짜여진 들고 나는 다리이다. 소쇄원을 들어선 방문객들은 길의 코스 선택에 따라서 기분이 달라진다. 입구 가까이서 걸쳐 있는 다리를 곧바로 건너는 것은 곧바로 피안에 이르고자 하는 발길이다. 그에 비해 대봉대를 거쳐 오곡문을 지나가는

길은 동네를 한바퀴 휘돌아 친구의 집을 들어서는 기분이다. 오곡문을 돌아 나와 광풍각에 앉으면 방금 동네를 벗어나 시원한 계류와 만나는 정취를 대하며 기쁨을 누리게 되는 루트이다. 길은 각 영역을 연결시키며 감상을 쌓이게 한다.

소쇄원은 도덕경의 상선약수(上善若水)의 말처럼 느껴진다. 물은 온갖 것을 이롭게 하면서 다투지 아니하고, 뭍 사람들이 싫어하는 낮은 곳에 처하니 도에 가깝다. 머물 때는 물처럼 땅을 잘 기름지게 하고, 마음을 쓸 때는 물처럼 그윽하고, 사람들과 함께 할 때는 물처럼 더불어 잘 어울리고, 말을 할 때는 물처럼 미덥게 한다. 노자는 물에서 겸양, 이타행, 자랑하지 않음, 내세우지 않음, 다투지 않음, 공평무사함, 반듯함, 미더움의 미덕을 발견했다. 바르게 할 때는 물처럼 잘 다스리고, 일을 할 때는 물처럼 능숙하게 하고, 움직일 때는 물처럼 때를 잘 맞춘다. 해서 오로지 다투지 아니하므로 허물이 없을 재 가장 잘 하는 것은 물과 같다고 했다.

또 소쇄원은 막음과 이음, 차경의 묘미가 담겨져 있다. 이곳을 진입하여 입구를 따라 올라가면 외담 끝자락이 소쇄원 경내를 내외로 가르고 서 있다. 담 밖 동네와 격리케 하는 그 담은 단절의 장치이기보다 세상 번잡함으로부터의 보호막이다. 그로서 밖을 향하려던 시선으로 자신을 되돌아보고, 단절 속에 고절한 감정과 그리움이 자라게 한다. 그 자세는 자신의 능력을 드러내지 않으려 했던 군자의 삶의 미덕과 일치하는 것이다. 또 차경은 경치만이 아닌 내음의 고임이다. 그 주변 내음을 억지로 끌어들인다기 보다, 전체 내음이 한 곳에서 고인듯 느껴지도록 하는 자리 잡음이다. 소쇄원의 원림 미학은 은자의 미학이다. 요새처럼 거창한 시설로 눈에 잘 띄도록 한 것이 아니라 한가히 자연을 느끼려 한 것이다. 그런데 앞쪽에 열려보이는 광풍각은 시야가 가까운데 비해 은자처럼 뒤로 물러 앉은 뒤쪽의 제월당은 멀리 떨어진 무등산 자락이 그윽히 바라보이며 소쇄원의 운치를 한층 돋구어준다.

자연의 가치를 발하게 하는 인위시설

서로 다른 성질의 사물이 모여 그 각각보다 보다 나은 효과로 되는 것을 음양오행설에서 상생이라고 하는데, 소쇄원도 자연과 인위 그 상반된 요소가 서로 상생작용하듯 멋을 불러일으키고 있다. 즉 인위의 힘이 존재하면서도 경직되지 않고 자연스러움과 운치의 멋이 북돋아지는 것이 이 곳의 덕목이다. 소쇄원의 소쇄(瀟灑)한 기운은 자연에 귀의하듯 한 구조 속에서만 생긴 것이 아니라 자연 지세를 바탕으로 그 운치의 흐름을 막고 이어 북돋아진 것이다. 온기로 기구를 부풀게 하듯이 감춰진 손길로

담장 안쪽으로 보이는 대봉대

제월당 일우

자연지형에 따라 적절히 놓여진 광풍각과 제월당

정취의 흐름을 잇대어 포만하게 하는 것이다. 원림의 구성 요소는 물, 바위, 수목, 정자인데, 여기서는 그것들이 전체로 균형을 이루며 각각의 산술적 합보다 훨씬 큰 외침으로 전해온다.

소쇄원에서 건물은 그 자체로서 완결된 성능을 갖게 되는 것이 아니다. 건축행위로 이루어진 건물의 마루판과 대지의 여백인 빈 마당은 연속되어 기능을 발휘하고 있다. 그리고 소쇄원에서 건축물의 형상도 그리 중요한 것이 아닐 것이다. 이곳의 건축 행위란 터가 유발하는 정취를 제대로 음미할 수 있는 관계설정만이 중요한 요소이다. 그로써 시야의 가깝고 멈, 보행의 빠르고 느림, 경사의 완만함과 급함, 숲속길의 어둑함과 양지바른 흙마당의 훤함의 변화로부터 다채로운 느낌을 가질 수 있게 한다. 그리고 여기서 건물의 모양새는 자연과 더불어 조화되는 적당한 크기의 전통건축 양식만을 갖추고 있으면 족한 상태일 것이다.

소쇄원은 내원과 외원이 있었고 지금은 내원만이 본래 모습을 간직하고 있는데, 그곳에 있는 시설들은 모두가 지형과 주변 경관을 의식하여 적절한 위치를 점하고 있다. 그 중 대봉대 광풍각 제월당

광풍각에서 올려보이는 주변산세

의 3개 건물이 중심 영역을 이루고 있다. 원림 안에 세워지는 집 이름들은 세워지는 장소와 그 장소가 갖는 느낌과 분위기에 따라 달라진다. 그래서 외부로 열린 관계를 중시한 광풍각은 각이 되고, 안으로 머무름이 중요한 제월당은 당이 된다. 그로 인해 한국전통건축의 집 이름은 백 가지가 넘는다. 당, 우, 헌, 루, 각 등이 주로 쓰이는 이름이다. 대봉대는 봉을 기다린다는 집 이름답게 손님을 영접하는 곳이다. 방문객은 그곳에서 기다리는 주인을 만나 함께 개울을 건너 주인의 처소로 안내된다.

광풍각은 손님과 우정을 나누는 사랑채 공간으로서, 건물 이름인 광풍각은 "가슴에 품은 뜻의 맑고 밝음이 비갠 뒤 해가 뜨며 부는 청량한 바람과 같고 비개인 하늘의 상쾌한 달빛과도 같다"(胸懷灑落如光風霽月)고 평한 것에서 유래했다. 그곳에서 눈여겨볼 것은 자리 앉음새인데, 여름 계곡의 수량에 지장없는 높이로 단을 쌓았고 작지만 폭포를 이루는 계곡을 흐르는 계류와 숲과 맑은 바람이 둘러싸이게 했다. 그리고 쌓인 석축의 그 단위는 계곡을 바라보며 순환되는 길이 된다. 계곡 전체의 느낌을 잇는 경로의 다리를 놓아 편안히 방해받지 않고 정취에 가까이 다가가 내면이 고조의 순간까지

오곡문에서 광풍각 앞으로 흘러드는 계류

이르도록 끝나지 않는 순환의 길을 만들어 놓은 것이다.

위쪽의 제월당은 주인이 홀로 머무는 정적인 영역이다. 소쇄원 안에서 또다시 홀로의 세계를 지닐 수 있는 곳이다. 정면 3칸의 건물인데 그 중 2칸이 열린 마루로 되어 있고, 좌측편 1칸은 방으로 꾸몄다. 좌측에서 보면 그 방에 장작불을 때는 아궁이가 있다. 방안은 주인이 사용했을 법한 서책이 몇 권 탁자 위에 놓여 있다. 제월당 마루에 앉아 앞을 바라보면 낮은 담으로 둘러쳐진 마당에 햇살이 조용히 비추고 있어서 보는 이의 마음도 정한 해진다. 광풍각과 제월당이 이웃해 있는 부분은 소쇄원에서 유일하게 담과 건물이 중첩되어 집약된 곳이다. 그곳만을 보면 마치 마을의 일부분처럼 보이는데 그곳에서 또 한 번 멋진 솜씨가 발휘되었다. 제월당에서 광풍각으로 가려면, 낮은 담에 뚫린 협문을 통해 일단 외부로 나갔다가 닷담을 끼고 다시 안으로 들어가야 하는데, 꺾인 담장에 의해 절묘하게 두 영역을 구분해 놓은 것이다. 마치 한줄기 소슬바람이 산과 강의 경치를 다 음미하며 휘돌아가듯, 천연덕스럽게 관통하며 질서를 부여하고 있다. 무술의 달인이 합죽선 하나로 거친 공격을 다스리는 것과 같다.

손님은 이곳에 와서 자연의 정취와 주인이 베푸는 정에 흠뻑 베이다가 서쪽의 닷 외나무다리를 건너 그 무릉도원 같은 곳을 빠져나가게 되는데, 궁극적으로 소설처럼 부분 부분이 하나로 완결되어 총체적으로 그 가치가 발산된다. 그러나 멀리 산마루에서 보면 소쇄원은 원래 산자락으로 여겨질 뿐이다. 마치 호오도온의 소설의 큰바위 얼굴에 가까이 다가가면 돌 조각뿐이듯이, 여기서는 거꾸로 멀어지면 바람이 통하고 물이 흐르는 자연의 흐름만 느껴진다.

소쇄원의 조영의식과 시적 감각

소쇄원은 한국의 전통정원을 대표하는 곳으로, 그 진수를 간직한 곳이어서 세계문화유산 등재까지 추진되었다. 그런데 소쇄원을 찾아온 사람들은 그 아름다움이 건물 때문으로 생각하고 건물의 아름다움만을 찾아보려 하기 쉽다. 하지만 소쇄원의 특별함에 비해 건물 자체는 그저 평범한 모습이다. 여기서 전체적으로 빼어난 느낌을 자아내는 것은 자연의 품안에 몇 채의 작은 건물이 점점이 놓여 있는 모습이다. 그처럼 전통건축의 건축적 격은 장소와 알맞게 어우러짐에 따라 다르게 느껴진다. 소쇄원에서도 건물은 형태로써 전체의 아름다움에 기여하는 측면보다 각각의 장소에 알맞게 놓여 있음으로써 그곳에 머물며 주위의 정취를 제대로 음미할 수 있게 하는 역할이 훨씬 중요하다.

이 곳 분위기는 소쇄원의 이름에서 그대로 나타난다. 소쇄원(瀟灑園)은 맑고 시원하며 깨끗함을 나타낸다. 그리고 건물을 지은 조영정신은 대봉대(對鳳臺), 광풍각(光風閣), 제월당(霽月堂) 등의 건물 이름에서 잘 느낄 수 있다. 대봉대는 소쇄원 입구의 좁고 어두운 대나무숲 길을 지나 안으로 들어서 주인이 영접하기를 기다리는 초가지붕의 한 칸 정자이다. 대봉대(待鳳臺)란 손님을 봉황처럼 귀히 여기며 기다리는 곳이란 뜻이다. 진입하는 길에서 앞에 보이는 광풍각은 계곡을 내다보며 숲 사이에서 불어와 계곡을 지나는 바람결을 느낄 수 있는 곳이다. 또한 계곡의 정취를 가장 잘 느낄 수 있는 지점이어서 너럭바위, 계곡 절벽, 물웅덩이 등이 계곡을 흐르는 물소리와 어우러져 마치 화선지에 그려 놓은 산수화를 감상하며 소리를 듣는 것과 같다.

그에 비해 조금 뒤쪽으로 오른 곳에 위치한 제월당은 머무름과 고요의 공간으로써 교교한 달빛 아래 사색하며 공부하기 알맞은 곳이다. 제월당 앞 흙 마당은 그 영역만의 넉넉함을 띠고 뒤편 굴뚝에서 낮게 퍼지는 연기는 이 터에 삶의 뿌리를 내린 처사의 삶을 느끼게 한다. 그처럼 열린 장소에는 그에 알맞은 건물이 지어져 있고 적당히 닫힌 곳에는 그에 균형이 맞는 건물이 지어져 있다. 지대가 높은 제월당에서는 앞의 광풍각에서 보이지 않던 공간과 시야가 열려진다. 제월당 마루에서 보면 앞 동네 집들이 언 뜻 보이고 그 뒤로 돌아가면 더 멀리 시야가 펼쳐져서 건너편 산자락이 보인다. 그리고 능선 기슭으로 옆 산을 오르는 한가로운 산책길이 되는데, 그러한 흐름에 의해 소쇄원의 공간적 흐름은 막히지 않고 큰 산세와 소통된다.

하서 김인후는 이곳 풍광의 아름다움을 48곳이나 꼽아 '소쇄원 48영'의 시를 남겼다. 과도히 넓지 않은 이곳에서 그 많은 장면을 시로 읊을 수 있었던 것만 보아도 평이한 조건 속에 다양한 아름다움을 갖추고 있다는 것을 알 수 있다. 그러나 그 장면은 늘 같은 모습을 띠고 있다고 할 수 없다. 다만 감상자에게는 그 총체적인 정취로 다가온다. 그리고 이곳에 오면 시시각각 계절과 시각에 따라 변하는 느낌이 그치지 않고 계속 변화되어서, 명화(名畵)에 시간 가는 줄 모르고 정신을 빼앗기듯 하염없이 머물러 있고 싶게 된다.

양산보(1503~1557)

소쇄원 오곡문에서 제월당으로 향하며 보이는 언덕의 담장에는 「소쇄처사양공지로 瀟灑處士梁公之廬)」라고 송시열이 쓴 편액이 박혀 있다. 소쇄원의 문패인 샘이다. 그리고 소쇄처사는 바로 이곳의 조영자인 소쇄공 양산보를 가리킨다. 사람들은 모두 소쇄원을 처음 찾게 될 때 양산보의 이름부터 알게 되지만, 계속 알아 가다가는 이내 그를 어디론가 슬그머니 빼어 놓기 쉽다. 그 이유는 대체로 이 시대 사람들의 세속적 가치관 때문일 것이다. 양산보가 이곳을 드나들었던 시인 묵객들에 비해 출세로나 학문적 업적으로나 별반 볼게 없어 보이기 때문인지 모른다. 그러나 그것은 양산보가 진정한 처사의 삶을 살았다는 것을 증명하는 것이기도 하고, 또 그에 대해 알려진 것이 많지 않아서이기도 하다. 양산보가 남긴 글들은 임진왜란 때 소쇄원이 불타면서 함께 사라져 버리고 겨우 두어 편만 남아 전해지고 있다. 그의 글은 그 후 17세기에 면앙정 하서집에서 일부 발견되었다. 양산보가 평소 이름을 숨기기 좋아하니 하서 문헌편찬 때까지도 몰랐다.

조선의 선비 사회에서 주인이 객과 마주 앉을 때면, 시문을 서로 주고받는 게 예의였다. 양산보도 마주 앉은 시인들이 시 한편을 읊을 때마다 한 수 읊지 않을 수 없었을 것이다. 그리고 소쇄공의 글이 실제로 남겨져 있지 않다고 해도 그의 인품을 그려보기 어려운 것만도 아니다. 15세에 부친을 따라 서울로 올라가서 17세까지 조광조에게 3년을 채 안 배우고 과문한 나이에 현량과 1차 시험에 합격

화순 조광조적려 유허지

했었다. 그러나 그 현량과의 마지막 평가에서 우계 성원의 숙부가 되는 성수종과 함께 전체 응시생 가운데 두 명만이 나이가 너무 어리다는 이유로 탈락했다.

그 후 소쇄공은 공부를 계속했는데 기묘사화로 정암이 화순땅에 유배갈 때에 따라 갔으며, 화순 정암의 유배처도 그의 작은아버지 집으로 정했다. 그리고 정암이 마침내 사약을 받고 죽었을 때 염을 한 사람도 바로 소쇄공이다. 그만큼 그는 정암의 삶과 죽음에서 큰 영향을 받았다. 하지만 그러한 행동은 그의 운신의 폭을 적게 했다. 정암이 죽자 소쇄공은 이곳 창암에 은둔할 결심을 굳히고 평생 벼슬길에 나아가지 않았다. 지금의 버스 정류장 부근 마을에 살면서 소쇄원을 조영하고 새로운 처사의 삶을 시작한 것이다. 그가 은둔을 시작한 지 얼마 되지 않은 26세 때 부인이 별세했다. 그러나 그는 그 부인과의 의리를 지켜 다시 혼인하지 않았다. 그리고 농부 차림으로 김을 매곤 했다 한다.

소쇄공의 후예들도 출세한 사람이 거의 없었다. 이미 중앙에는 파벌 싸움이 일고 있었고 양산보 선생의 4대손은 정철을 변호하다 당쟁에 희생되어 동인 세력에 의해 죽었다. 후손들 중 알려질 만한 인물인 5대손은 시를 다수 남겼고 33인 중 한 사람인 양한묵도 양산보의 후예이다. 나는 그의 15대손인 故 양재영 선생에게 선조의 글이 불타 없어져 안타깝지 않느냐고 물어 본 일이 있었다. 그런데 뜻밖에도 선생은 그 편이 더 낫다고 대답했다. 글이라는 것이 왜곡되고 미화되기 쉬운데 오히려 없는 것이 처사다운 모습대로 지킬 수 있게 된다는 말이었다. 그 말을 들으면서 선조와 같은 마음씨를 갖고 살아가는 후손이라고 생각했다.

그는 생전에 후손으로서 소쇄원과 관련된 고금의 기록들을 모아 소쇄원의 역사와 문화적 의의를 온전히 정리하고자 진력하다가 몇 해 전 한창 나이에 안타깝게 세상을 떠났다. 기대승은 소쇄공을 모호만이라 칭했다. 이름을 숨긴다는 뜻으로서 그것은 처사에 대한 극찬이다.

소쇄원 수난의 어제와 오늘

소쇄원은 한국전통문화 유산 가운데, 변형되지 않은 그 느낌을 가장 잘 간직하고 있는 귀한 곳이다. 하지만 그곳이 처음 조영된 이래로 여러 차례 수난을 겪었다. 맨 앞의 일은 조영한 지 60여 년이 지난 임진왜란 때, 전란 중에 소장 문헌 등과 함께 모두 불타고 말았다. 그리고 전란이 끝난 뒤 다시 복원하였다. 그 뒤로는 출세한 사람도 없고 중앙 정계를 이끄는 파벌과도 거리가 머니 이곳을 주목하는 이 별반 없이 그냥 조용히 세월이 흘렀다. 그러다 일제 때 일본 통치자들에 의해 면사무소로 쓰이는 수모를 겪었다. 그리고 현재에는 외부의 재난이 아닌, 한해에 찾아오는 백만 명이 넘는 인파의 발길로 나날이 닳아 빠져 가고 있다.

소쇄원의 힘은 그 자연 산천의 힘을 배경으로 생긴 것이다. 그래서 소쇄원의 흙마당 하나의 뭉개짐에도 그 느낌의 차이가 생긴다. 그러나 그보다 더 큰 위협이 닥쳐올지 모른다. 근래 지방자치시대를 연 이후 전국적으로 문화재를 관광상품화하려는 추세 속에 문화재가 몸살을 앓고 있기 때문이다. 요새 일부 지자체는 별 주목할 거리가 없는 곳마저 각종 사료를 끌어 붙여 관광상품가치를 높이려는 판이다. 그런 분위기 속에서 문화유산의 본래 가치가 변질될 우려가 있다.

국내 최고의 민간 원림이라는 엄청난 가치를 갖고 있는 이곳도 관광상품의 시각으로 그 느낌이 훼손될 염려도 있었다. 청정한 솔바람이 계곡을 지나는 소쇄원은, 도시 생활에 지친 현대인들이 시간의 여백 위에 시심(詩心)에 젖어 은일자가 되어 볼 수 있는, 그런 곳이다.

소 쇄 원

구곡에서 부는 바람
오곡문을 돌아드는

별뫼 사는 처사에게
친구가 찾아든 날

주인은 객을 맞아
외나무다리를 건너네
흔한 산천 한구석에
제 몸 낮추려 할 밖이건만

멀리도 한 채
가까이도 한 채 정자를 지어놓으니
제 없던 정취도 생겨나서
흰 구름도 선마루를 넘어가다
이 쪽을 돌아보고

객이 정자에 앉아 시를 읊조리면
주인은 조용히 듣고 앉아
술잔을 기울이네

흔히 선암사를 한국 최고의 고찰이라 일컫는다. 그러나 이곳의 건립 연대가 월등히 오래되었거나 보물로 지정된 건물이 많아서가 아니다. 이곳 창건기에는 529년 아도화상이 건립했다고 되어 있으나 많은 사찰들이 건립 연대를 올리기 위해 불교 역사 초기 유명 인물들을 끌어들이는 경우가 많아서 그대로 다 믿기는 어렵다. 그리고 선암사의 주요 건물들도 모두 임진왜란 후에 중건된 것들로서 그리 오래된 편이 아니다.

그런데도 선암사가 한국의 최고 고찰로서 인식되는 이유는 무엇일까? 그것은 근래 전국의 여타 사찰들이 한해가 다르게 속세적 느낌으로 변해가는 것과 다르게 이곳은 옛 사찰의 느낌을 변함없이 간직해 왔기 때문이다.

- 필자의 본문 중에서 -

선암사 仙巖寺

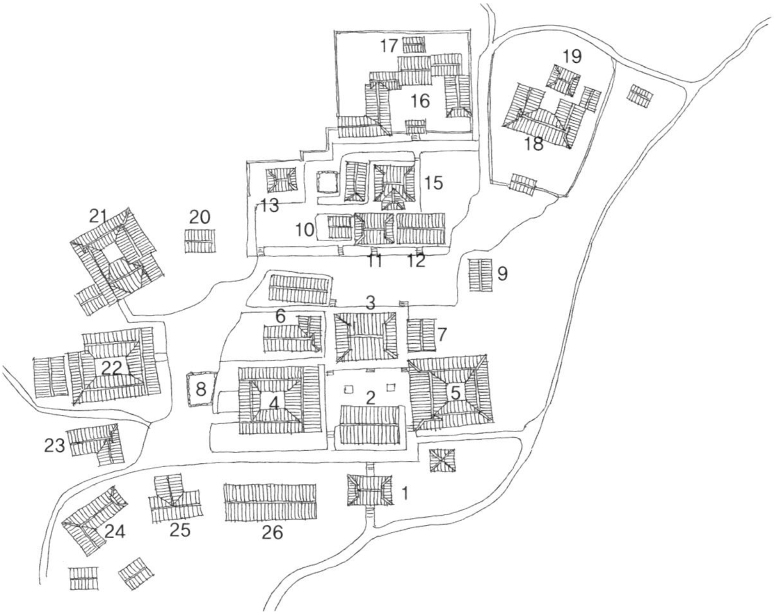

1. 일주문　2. 만세루　3. 대웅전　4. 설선당　5. 심검당　6. 응향각　7. 지장전　8. 연못　9. 심전　10. 조사전
11. 불조전　12. 팔상전　13. 장경각　14. 첨성각　15. 원통전　16. 응진당　17. 삼신당　18. 무우전　19. 각황전
20. 삼성각　21. 무량수전　22. 창파당　23. 적묵당　24. 해천당　25. 측간　26. 성보박물관

조계산의 두 고찰

조계산은 두 대찰을 앞뒤로 품고 있다. 서쪽으로는 송광사가 위치해 있고 동쪽으로는 선암사가 자리잡고 있다. 그런데 그 두 고찰은 아주 대조적인 이미지를 띠고 있다. 송광사는 잔잔한 호수에 이는 파문처럼 너른 마당을 둔 대웅전을 중심으로 겹겹이 둘러싸듯 즐비하게 배치되어 있어서 마치 사찰 도시 같은 느낌을 준다.

또 고려시대 불교계의 정화운동을 펼치고 선종과 교종을 하나로 아우러 조계종을 개창한 보조지눌국사 등 16국사를 배출하여 삼보사찰 가운데 승보사찰로서 위상과 명성이 높은 곳이다. 그런데 선암사는 산에 파묻혀 수도에 전념하고자 하는 선승들처럼 아주 조용하고 명상적인 느낌으로 발길을 끄는 곳이다.

선암사의 입지와 창건내력

선암사가 안긴 조계산은(850m)은 그리 높지 않지만 백두대간의 여느 큰 산 못지않은 넉넉한 깊이가 느껴진다. 그 감각은 호남정맥의 몸체를 이루는 지리적 기세에 이웃한 섬진강 너머 지리산 주

변보다 상대적으로 낮은 지대로 둘러싸여 있기 때문이다. 지리산과 거리상으로 가깝지만 산줄기로는 천리를 에둘러 온 위치이다.

호남정맥의 산세는 특이하다. 맥이 곧바르게 뻗어가는 형국이 아니라 이리저리 굽이치듯 크고 작은 벌판과 물길을 에두르면서 넉넉한 고장을 낳기도 하고, 때로는 큰 산세로 또는 나즈막한 산세로 살기 아담한 대지를 품으며 청아한 경관을 이루어내고 있다. 그리고 조계산 정상을 경계로 행정구역이 서로 다른 순천시 승주면과 송광면, 보성면에 걸쳐 있는데, 그 고을들이 모두 푸근한 땅 내음을 지닌 곳이어서 더 깊은 느낌이 든다.

선암사는 527년 아도화상에 의해 창건되었다고 전해진다. 그런데 그 때는 산 이름을 청량사, 절 이름을 해천사(海川寺)라 하였다. 그리고 그 후 9세기 도선국사가 비보도량의 하나로 선암사를 창건했다 한다. 그러나 그 것은 예기로 전해질 뿐 사실은 알기 어렵다. 하지만 고려 중기 대각 국사 의천이 주석한 이후의 정황은 자세히 기록으로 전해지고 있다.

대각국사 의천은 고려 11대 왕인 문종의 넷째 아들로 태어나 11세 때 출가하여 승려가 되었다. 송나라에 유학하여 불도를 닦고 돌아와 불경을 간행하고 선 · 교(禪 · 敎)가 다 각기 한쪽에 치우치는

선암사 진입로

폐단을 시정하여 교관겸수(敎觀兼修) 사상을 주창하고 천태종(天台宗)을 일으켰다.

선암사 일주문에는 태고종찰 선암사라는 편액이 걸려 있는데 그것은 1970년 출범한 태고종의 으뜸 사찰이라는 의미를 담고 있다. 한편 한국 통합불교인 조계종의 중흥조로 떠받들여지는 지눌은 선종을 중심으로 교종을 아우르려 했는데 그 후 한국 불교는 지눌에 의해 조계종으로 통합되었다. 그 두 사람의 행적이 담긴 두 절은 현재 태고종찰과 조계총림이라는 한국 사찰의 대표적인 사찰이 되어 있다. 그처럼 한국 불교사에 큰 의미를 점하고 있는 대찰이 같은 산 이쪽저쪽에 자리잡고 있는데 그것은 조계산의 특별함으로 다가오기도 한다.

승선교

산사에 오르는 길은 그 자체가 수행 과정처럼 느껴진다. 특히 선암사 입구로부터 경내까지의 길은 길고 맑은 계곡과 함께 하여 스스로 마음을 가다듬기 알맞은 분위기다. 철따라 변하는 숲내음과 맑

승선교

은 공기에 저절로 마음이 깨끗해질듯 하다. 입구로부터 경내까지 그 길을 가는 동안에는 산사의 의미를 북돋우는 여러 표식이 나타난다. 길을 가다 조계산 등산로 간판이 세워져 있는 광장과 붉은 벽돌 기둥에 철제로 된 옛 대문을 지나면 길 좌우로 조계산 선암사, 선교양종 대본산(曹溪山 仙岩寺, 禪敎兩宗 大本山)이라고 쓴 표지 입석과 부도 밭이 나오고, 더 가면 목장승이 길 양옆에 세워져 있다. 그 목장승에는 호법선신, 방생정계(護法善神, 放生淨界)라고 쓰여 있어서, 마을 어귀에 세워진 것들과 달리 불교 의미임을 나타내고 있다. 다시 그곳을 지나면 개울을 건너는 승선교가 걸쳐 있는데, 그 멋으로서 선암사는 더 특별한 느낌으로 다가온다.

승선교는 선녀가 오르는 다리라는 뜻의 이름이다. 그러나 승선교는 그 이름으로서가 아니라 조형적 아름다움에 의해 지나는 사람들로 하여금 선계에 들어서는 느낌이 들게 한다. 그 멋에 취해 건다 보면 지금까지 아무리 고달픈 길을 걸어온 나그네의 무거운 걸음걸이라도 일시에 가뿐해질 듯하다. 그리고 그것을 대하는 것만으로 사람들의 본바탕과 상관없이 선량해질 듯하다. 사람들은 그 승선교를 마주하면 침묵에 빠지게 된다. 간결하고 담백함이 뿜는 힘이 마음에 미치기 때문이다.

승선교의 조성 원리는 단순한 것이다. 다른 홍예교와 마찬가지로 아치돌을 기하학적인 반원을 이루며 가지런히 쌓은 후, 그 위를 거칠게 다듬은 돌로 성벽처럼 쌓아 지날 수 있는 길을 만들었다. 그렇지만 여기서는 균형에 의해 특별한 생명력을 얻었다. 돌의 물성과 시각보정이 된 듯한 자연스러우면서도 완벽한 기하학적 완결성, 크기와 두터움이 잘 어우러졌다. 거기다 인위적으로 이루어진 조형성은 계곡의 자연 상태의 너럭바위들과 극적인 대조를 이루며 그 인위의 손길을 더 귀히 느껴지게 한다. 계곡 물이 불어 그 다리 밑뿌리까지 차 흐르면, 물에 비친 실루엣과 함께 완전한 하나의 원을 이루는데, 그 위로 난 길의 완만한 곡선과 완급의 조화를 이루며 멋이 더해진다.

고찰의 편안함

흔히 선암사를 한국 최고의 고찰이라 일컫는다. 그러나 이곳의 건립 연대가 월등히 오래되었거나 보물로 지정된 건물이 많아서가 아니다. 이곳 창건기에는 529년 아도화상이 건립했다고 되어 있으나 많은 사찰들이 건립 연대를 올리기 위해 불교 역사 초기 유명 인물들을 끌어들이는 경우가 많아서 그대로 다 믿기는 어렵다. 그리고 선암사의 주요 건물들도 모두 임진왜란 후에 중건된 것들로서 그리 오래된 편이 아니다. 그런데도 선암사가 한국의 최고 고찰로서 인식되는 이유는 무엇일까? 그것은 근

선암사 일주문

산세의 품안에 느껴지는 편안한 느낌

경내를 한가로히 거니는 스님들

래 전국의 여타 사찰들이 한해가 다르게 속세적 느낌으로 변해가는 것과 다르게 이곳은 옛 사찰의 느낌을 변함없이 간직해 왔기 때문이다.

사람들은 고찰의 느낌을 좋아한다. 그것을 현대문명과 달리 흔하지 않기에 생기는 심리로 여길 수도 있지만, 확실히 옛 것 자체에서 풍겨나는 특유한 좋은 감각이 있다. 첫째로 그것은 오래 전 닦여진 터와 건물이 세월을 머금음으로써 생기게 된 힘이다. 우리는 간혹 고분에서 출토된 유물이나 석탑과 부도, 그리고 오래된 건물의 부재에서 그러한 느낌을 경험할 때가 있다. 그리고 고찰에서 느끼는 편안함은 현대문명과 달리 불편함이 느껴질 만큼의 자연스러움과 여백적 감각이 함께 하는 느낌이다. 현재로부터 옛 사람들이 살았던 시절로 거슬러 올라가 그 시대의 원시적 체취와 만남으로 해서 생기는 청정한 느낌이다. 사람들이 산사에 갈 때는 대개 그 느낌을 기대하고 간다.

사실 사찰의 참 멋은 형상의 아름다움이 아닌 수도 도량으로서의 맑은 기운인 것이다. 또 그것이 사람들이 고찰에서 연상하는 이미지이다. 나아가 그 편안함은 수행 공간으로서 종교적 힘을 바탕에 갖고 있기 때문일 것이다. 그것은 번듯한 불전이 보여져서가 아니라 그냥 스스로 지나치면서 느껴지는 감각이면 더욱 좋을 것이다. 이곳 선암사는 그처럼 경내를 거닐며 경건한 분위기가 조용히 마음에 쌓일 수 있는 곳이다. 각자 종교가 다르다 할지라도 세인들이 삶터에서 나와 잠시일망정 해방되어 심신이 맑아지는 기분을 느낄 수 있다면, 그것도 자비로운 부처님 마음 한 자락과 스치는 것이리라. 그래서 그러한 곳에서 수행할 수 있다는 것, 자연의 소리를 듣는 것, 일상의 공부가 있다는 것만으로 사찰이 구원처일 수 있다는 생각이 든다.

선암사는 수행자 뿐 아니라, 미물 같은 모든 생명체의 숨결이 함께 숨 쉬고 있다. 불사의 인위의 손길에 의해 자연의 생명력이 파손되지 않고 더불어 살아가게 된 것이다. 언제가 텔레비전에서 불상이 모셔져 있는 불전 어디엔가 수많은 곤충이 깃들어 살고 있는 모습을 방영한 일이 있는데, 미물 이상의 생명의 귀함을 받는 존재들로 보였다.

일체감을 갖게 하는 아늑한 산세의 품과 개별적 자유로움

선암사의 진입은 어느 절보다도 호흡이 길게 느껴진다. 입구로부터 경내까지는 승선교 너머로도 강선루, 천왕문, 불이문 등 과정을 차례로 지나고 가늠키 어려운 자연스런 길의 흐름을 따라 도달하게 되어 있다. 그런데 천왕문 입구까지 간직돼온 자유스러움은 휘돌아진 길에서 직각으로 꺾여 나

밝아오는 아침의 주변 산세

있는 일주문 계단을 들어서면서 갑자기 엄숙해지고 그 엄숙함은 도식적 질서로 이루어진 대웅전 앞마당에 이르러 고조된다. 하지만 선암사 경내에서 느껴지는 엄숙함은 거기로서 다이다. 대웅전 영역은 대칭으로 서 있는 석탑과 주불전의 웅대함으로 엄숙한 분위기를 이루고 있지만 그 이외의 시설들은 규율에서 벗어난 듯 자유롭게 배치되어 있다. 하지만 그 각각은 전체로부터 단절되지 않고 총체성 안에서 느껴지는데, 그처럼 단일한 총체성 안에서 개별적 자유로움이 느껴지는 것이 이 사찰의 덕목이다. 선암사의 가람배치는 도식적 질서와 자유로움이 조화되어 있다.

일주문에서부터 응진전까지를 직선으로 잰다면 꽤 먼 거리이지만, 각 영역이 인위적인 축선 상의 거리로 구속되어 있지 않고 필요에 의해 자유롭게 찾아가는 장소이기 때문에 그 걷는 거리의 피곤함을 의식하지 않게 된다. 응진전은 원통전이 앉은 축대를 따라서도 갈 수 있지만 뒤로 돌아 별도의 길로도 갈 수 있으며, 독립된 마당을 갖고 있어서 별개 암자 같은 느낌을 갖게 된다. 그 외의 시설들도

맑은 산세의 기운이 감도는 경내

자율적인 개별 영역을 갖게 되어 있어, 전체 안에서 다양한 장소성과 건축적 정서를 느낄 수 있게 한다. 그런데 그 독특한 분위기가 경내를 감싸는 산자락과 경내를 가로지르는 길로부터 생겨난다. 크고 부드럽게 터를 감싸는 산자락은 하나의 장소성을 갖게 하고 수행 생활에 알맞게 갖춰진 경내의 불전과 요사체 등의 건물들은 각각의 쓰임새에 따른 위계적 연관성을 갖도록 짜여져 있다. 그에 비해 경내 곳곳에서 느낄 수 있는 자유로운 분위기는 도식적 틀에서 벗어나 각각의 건물이 독립적 장소성과 각기 다른 감각을 띠고 있기 때문이다.

대웅전 뒤편 지형차가 큰 축대 뒤에 놓인 길에 오르면 마치 경내를 벗어나는 듯한 새로운 기분으로 여백적 분위기를 띠면서 바람결과 푸른 하늘을 한가롭게 느낄 수 있고 마을길을 거닐 때처럼 그 길에 면한 건물들의 다양한 체취를 대할 수 있다. 그리고 그 길을 걸으면서 대웅전과 요사체의 뒷맵시가 산세와 함께 어우러진 모습이나 저만치 사찰을 둘러싸고 있는 주변의 산세를 그윽이 느낄 수 있다.

경내 일곽에는 키가 하늘 높이 솟구쳐 오른 전나무, 오랜 세월로 기품이 베인 매화나무, 그리고 각종 화초 등이 자연 지형을 따라 적절히 놓여 있는 건물과 합해지면서 다양한 시선과 분위기를 이루어 내고 있다. 또 한 켠에 일군 한적한 채소밭이 함께 평화로운 분위기를 이루고 있다. 그래도 민가의 동네 길이라면 애초부터 집들과의 일체성을 의식하지 않아도 무방할 터일 것이다. 그러나 선암사는 자유스럽게 흩어진 듯해도 경내 어디서나 그 품을 느낄 수 있다. 그 기운이 없다면 그냥 흩어짐 자체일 뿐일 것이다. 선암사는 흩어지지 않게 감싸이는 기운이 있기에, 그 안의 자유로움도 덕으로 느껴지는 것이다.

다양한 구조와 감각이 어우러진 경내 건축물들

선암사 경내의 여러 건물들은 쓰임과 용도, 그리고 규모와 장엄, 그리고 단청 등에 의해 각양각

전면 회랑이 달린 원통전

나란히 보이는 조사전, 불조전, 팔상전

무량수전 일우

경내 곳곳에 피어난 매화

覺皇殿

색의 인상을 띤다. 사찰내 건물들은 불전, 보살전, 지장전, 조사전, 요사체 등이 그 쓰임에 따라 각각의 위계를 갖는데 그 위계적 성격이 건물의 배치와 양식에 드러난다. 주 불전은 반듯한 양식을 갖추고 화려한 장엄을 하여 그곳에 모신 존재의 큰 의미를 드러내고자 하며 수행자가 거처하는 요사체는 소박한 모습을 띤다.

선암사의 중심 불전인 대웅전은 정면 3칸 측면 3칸의 팔작지붕으로 된 장엄한 인상을 띤다. 사찰에서 출가자의 일상적 수행 생활은 불상을 모신 불전에 나아가 조석으로 예불을 올리는 일이다. 그래서 부처님을 모신 불전은 부처님의 크나큰 존재처럼 웅장하고 장엄하게 하려 했다. 대웅전 내부는 중앙에서 약간 뒤쪽으로 치우치도록 불단이 조성되어 있고 그 위에 중앙의 석가모니불을 중심으로 왼쪽에 문수보살, 오른쪽에 보현보살이 모셔져 있다. 그리고 천정은 용조각이 새겨진 충량과 화려한 단청이 가미된 우물 천정으로 매우 화려하게 장엄되어 있다.

원래 선암사의 대웅전은 현재의 자리에 2층으로 되어 있었다. 그리고 그 내부에 미륵석불입상을 모셨다. 지금처럼 단층의 대웅전으로 바뀐 것은 현종 2년(1660년)의 중창 이후로서 그 후로도 여

무량수전과 내부 마당

건물사이로 보이는 원통전

불조전과 원통전 사이 통로

선암사 대웅전 불상

원통전 관음보살상

러 차례 소실과 중창을 거듭하였는데 현재의 대웅전은 순조 24년(1824년) 중창된 모습이다. 그리고 지금의 모습은 최근 2002년 보수를 한 후의 것이다. 현재 무량수각 우측에 선암사 옛 대웅전 복원 추진 안내판이 세워져 있다. 정면 5칸, 측면 5칸 목탑형 다포식 팔작지붕으로 나타나 있다. 대웅전 뒤의 단 위에는 만세루 조사전 장경각, 산신각 등이 횡으로 늘어서서 대웅전 영역과 다른 켜를 이루고 있는데 그 건물들도 모두 다 단청이 되어 있다.

그에 비해 수행 공간인 심검당과 요사체인 설선당 등은 규모는 원통전 등보다 크지만 단청을 하지 않고 구조적인 장식도 별로 되어 있지 않아서 검박한 느낌을 띤다. 사찰 내에서 요사체는 가장 위계가 낮은 건물이다. 그 같은 선암사 건물들의 다채로운 인상은 고찰로서의 느낌을 더 크게 느끼게 한다. 출가자의 수행 목적은 부처의 가르침을 따라 수행하여 깨달음과 해탈의 길로 나아가고자 함이다. 탐진치의 불꽃을 모두 꺼뜨리는 것을 수행의 기본으로 여기는 출가자들은 검박한 생활을 근본 덕으로 삼는다. 그래서 불상을 모신 전각과 대조적으로 수행자의 거처인 요사체는 소박한 체취를 풍긴다.

검박한 수행생활과 어울리는 중층 건물들

사찰내 건물들은 전체적인 배치 질서의 영향으로 건물의 위치와 규모에 제약을 받기도 한다. 그로 인해 건물의 터가 한정되어 단층으로서는 짓고자 하는 규모를 다 충족할 수 없을 때 중층으로 하여 필요한 공간을 갖추기도 한다. 특히 수행자가 많은 대찰들은 요사체의 규모도 커지게 되는데 송광사처럼 큰 사찰에 가면 간혹 중층의 요사체들을 볼 수 있다. 선암사에는 요사체와 선원으로 쓰이는 심검

2층으로 이루어진 무량수전

2층으로 이루어진 설선당 측면

당, 설선당, 창파전, 무량수전(선원) 등이 ㅁ자형 중층 건물로 되어 있다. 그러한 형식은 1층과 2층이 기능적으로 긴밀하게 연계되고 관리도 편리하다. 또한 그 안의 살림이 밖으로 드러나지 않게 갈무리될 수 있고 외부로 둘러친 건물의 켜가 밖의 소음을 차단하는 역할을 한다. ㅁ자 중층 건물들은 건물의 켜가 작은 편이므로 지붕 높이가 단층의 대웅전 보다 낮게 되어 전체적인 위계도 깨지지 않게 된다.

전통건축에서 그러한 중층 건물들은 특이한 느낌을 띤다. 단층 건물들은 주로 입지 및 주변 산세와의 어우러짐에 의한 맵시를 띠게 되는데 비해 중층 건물들은 건축 자체의 짜임과 공간의 비례 감각이 크게 나타난다. 그리고 가구식 구조의 특성에 따라 프레임의 기하학적인 바탕 위에서 허와 실의 대비적 감각을 띠게 된다. 중층 전통건축의 1층과 2층은 주로 목재 사다리 계단을 걸쳐 오르내린다. 중층부의 안쪽 외벽은 트인 곳도 많은데 그곳은 주로 다락처럼 물품의 보관장소로 쓰이는 곳이 많다.

예기치 않게 접하게 되는 다채로운 건축 감각

사람들은 건축적 감각이 인위로만 얻어지는 것으로 생각하기 쉽다. 그러나 건축은 지반을 토대로 이룩되는 것이기에 그 느낌은 대지 상황과 불가분의 관계에 놓이게 된다. 특히 산지 사찰은 건물이 놓이는 지형 및 주변 사물이 갖는 형태와 크기, 빛과 그늘, 인위와 자연의 융합 등에 의해 표출되는 복합적인 느낌이 작용한다. 그런 관계로 예기치 않게 발견되는 심미감이 있다.

미학자 하르트만은 건축예술의 전경과 후경에 대해 기술하고 있는데, 그가 말하는 전경은 실제 지어지는 부분으로서 이루어지는 양상이며 후경은 그 외 요소로 인한 정서의 생겨남이다. 그리고 건축의 예기치 않은 멋이란 바로 건축예술의 후경작용과 관계있다 할 것이다. 선암사에는 예기치 않게 마주치는 좋은 장면이 많다. 원통전에서는 건물 내부가 아닌 축대와 건물 사이가 이루어 내는 공간감이 짜릿하다. 원통전의 출입은 팔상전과 불조전 사이 골목길처럼 된 공간을 들어가다 계단을 오르도록 되어 있는데, 그 공간이 불상이 모셔진 건물 내부까지 연속되며 고딕성당 내부의 신랑에서 열주로 생긴 공간적 깊이감과 같은 느낌이 생겨난다. 또 무우전처럼 암자같이 독립된 영역으로 된 경내의 건물에서는 평온한 외부 이미지와 달리 긴장감이 느껴지는 분위기와 만나게 된다. 그리고 경내의 자유로운 분위기와 개별 영역에서 느껴지는 경건성이 조화를 이룬다. 무우전 모서리 문으로 들어가면 어스름한 부엌간이 있고 그 어둠 너머로 빛이 비추는 뜰에 각황전이 놓인 것을 의식하게 되는데 밖에서 보면 평범하게만 느껴지던 그곳이 또 다른 종교적 자기 세계로 펼쳐져 있다.

무우전 일우의 매화

전통건축에서 부엌 공간은 참 조용하고 질박한 느낌이 드는 곳이다. 바탕에 어둠이 있어 빛이 소중히 감지되는 느낌 또한 좋은 곳이다. 사찰일망정 부엌은 속인들 삶이 연상될 수밖에 없는 것이 더 특별하게 느껴지게 된다. 그리고 폐합된 형식의 뜰은 자연스러운 경내와 달리 정제된 감각을 일깨운다. 그런데 그 뜰의 느낌은 외부로부터 접근 경로에 따라 달라진다.

뜰을 가운데로 들어설 때는 그 영역을 중심으로 예측한 대로의 경관이 펼쳐진다. 하지만 무우전처럼 모서리로 비스듬히 들어가서 안을 인식하게 되는 장면은 예기치 않은 느낌이 커지는데, 경내 다른 건물들도 대개가 무우전 같은 구조로 되어 있다. 그처럼 선암사는 경내의 여백적 자유로움과 정제된 공간 사이에서의 긴장과 이완의 드라마가 펼쳐지기에 더 풍요롭게 느껴지는 곳이다. 정제된 공간이 주는 고요한 감각은 사람들이 한국전통건축에서 좋아하는 요소의 하나이다.

정제됨은 마치 자연의 힘을 추상적으로 압축해 놓은 것과 같은 질서로부터 오는 감각, 혹은 자연과 대비됨으로써 강조되어 느껴지는 감각이다. 옛 사람들은 자연보다 인위를 더 소중히 생각했을 법하다. 하지만 그 때는 자연과의 균형이 깨지지 않고 현재처럼 자연 파괴를 염려하지 않아도 되는 상황이었다.

수행의 일상과 자연이 어우러진 경건한 분위기

매일매일 반복되는 현상이지만 새벽은 인간이 새로이 정결해지는 느낌이 드는 순간이다. 인간의 삶에 잠시나마 그런 순간이 있음으로써 세파 속에서 다시 맑음을 회복할 수 있는 것은 소중한 일이다. 새벽어둠을 사르며 시작되는 산사는 그런 새벽의 느낌을 가장 선명히 체험할 수 있는 곳이다. 사찰에서는 새벽 3시에서 4시 사이에 도량석을 한다. 도량석이란 사찰에서 기상을 알리는 것인데, 당직 스님이 대웅전 앞마당 탑을 돌며 목탁을 치며 깨운다. 그리고 잠시 후면 그 도량석에 깬 다른 스님들이 범종루에 올라 불전사물을 쳐서 세상 모든 존재를 깨운다. 그 새벽 산사는 아직 어두움이 짙게 깔려 있지만 그 시각 스님들은 법당에 모여 아침 예불을 올린다. 맑은 날 산사 마당에서는 어린 시절 시골 마을에서 경험한 밤하늘의 쏟아질 듯한 별을 볼 수 있다. 아직도 동이 틀 때까지는 짧지 않다. 그렇지만 산사의 어둠 속에서 동트임의 기다림은 마음을 성결케 한다.

선암사의 예불 의식은 다른 곳보다 더 길고 격식 있게 느껴진다. 5시경 예불이 끝나면 스님들은 다시 각자가 마음이 끌리는 불전으로 옮겨 예불을 올린다. 도시인에게는 이른 시각이지만 여름 새벽 산사는 적당한 활력이 생긴다. 그 시각 건물 주변 마당을 오가면 여기 저기 건물 안에서 독경 소리가 들리는데 그런 때에는 사찰의 면모가 피부로 느껴진다. 대웅전 말고도 여러 전각이 있고, 따로 공부와 살림 공간이 있다. 그리고 무엇보다도 산사를 둘러싼 생명의 기운이 살아 있다. 그래서 수행에 적합할 터이다. 사찰에는 규모에 따라 석가모니 부처를 모시는 대웅전 말고도 다른 상징의 불상을 모시는 많은 전각들이 지어져 있다. 다른 이름의 부처님들은 다른 시공에 사는 중생을 구원하기 위함이요, 보살들은 부처님의 여러 다른 인격을 독립적으로 형상화한 의미일 것이다. 그것은 인간의 변화무쌍한 마음이 필요로 하는 각각의 상일 것이다. 그리고 스님들도 그때그때 마음에 맞는 대상에 나아가게 될 것이다.

대웅전에서 새벽 예불을 올리는 스님들

꽃이 끊이지 않는 경내와 청정한 공기가 서걱거리는 차밭

일반인들이 선암사를 좋아하는 것과 마찬가지로 이곳에서 수행하는 스님들의 사랑과 자긍심 또한 지극하다. 그런데 한번은 수선암에서 수행하는 비구니 스님에게 선암사에서 가장 좋은 점이 무엇이냐고 물어 본 일이 있었다. 그 때 스님 대답이 꽃이 끊이지 않는 점이라고 했다. 봄은 꽃망울을 터뜨리기 전 땅과 대기의 기운으로부터 느껴온다. 아직 산천은 앙상한 상태에서 사람 마음 안에서도 뭔가 달아오르는 기분이 찾아들 때, 그리고 귀한 생명력을 지닌 무엇인가와 마주치고 싶을 때 모습을 드러내는 것이 매화이다. 그 매화의 참 멋은 겨울의 모진 추위의 느낌이 채 가시기 전에 가장 먼저 피어나는데 있다. 그리고 그 느낌은 광양의 매화 마을처럼 조림에 의한 것이 아니고, 자신이 뿌리 내린 땅과 함께 오랜 고락을 함께 하며 피어나는 느낌이어야 제격일텐데, 선암사에는 그 수령이 무려 6백년이나 되는 우리나라에서 가장 오래된 매화가 있어서 그 참 멋을 느낄 수 있다.

선암사 매화를 이곳 사람들은 줄여서 선매화라고 부른다. 그 선매화가 경내에서 가장 먼저 꽃망

무우전 일우의 매화

담장 안으로 향기를 내미는 매화

주변 산세에 둘러 싸인 경내

울을 터뜨리고 나면 이어서 겹벚꽃, 영산홍, 자산홍, 철쭉, 홍도화, 작약, 난초, 밥태기꽃 등이 기다렸다는 듯이 줄줄이 꽃을 피운다. 그리고 4월 중순이 지나면 꽃의 향연이 벌어지는데 그 중에서도 가장 많은 능수벚꽃이 사방에 흐드러지게 피어서, 선정에 드는 고요한 이곳이지만 잠시 들뜨게 한다. 그러다 여름으로 접어들면, 이끼 낀 석축 위에 수국, 목수국, 백일홍이 오래도록 피며, 또 가을에는 국화와 상상화(잎과 꽃이 서로 다른 계절에 나오는데 잎은 봄에 꽃은 가을에 핀다)가 있고 단풍이 있다. 그리고 겨울은 설화가 피어 사람들의 마음에 훈훈한 정감을 불러일으킨다. 그런데 선암사에서 꽃은 장식적인 멋만을 지니는 것이 아니다. 그 각각의 꽃이 필 때마다 선암사 경내는 건축물이 갖는 고정된 이미지를 넘어 생명력 있는 산사 분위기를 느끼게 한다.

경내를 지나온 조용한 발길은 종국에 사찰 뒤편의 차밭에 닿는다. 넓고 평온한 차밭은 언제나 아침 이슬을 머금은 듯한 싱그러움을 발하여 이곳을 한층 명상적인 분위기로 느끼게 한다. 그 맑음은 태초 자연 그대로의 느낌이어서 수행에 의해 해탈에 이른 상태로 되었음직하다. 그래서 방문객에게는 수행과 속세의 괴리감마저 없게 느껴졌다. 여기의 차나무는 이곳에 자생하여 생을 보내고 있는 진정한 주인이다. 자연생 차나무는 자기 줄기의 3배나 깊이 뿌리를 내려 뻗는다. 그리고 표피의 거름기가 아닌 그 깊숙한 땅의 지기로 자라나는데, 그 차나무도 마치 수행을 통해 진실에 도달하려는 모습을 보여주는 것만 같다. 차는 예로부터 맑음을 상징하여 수행자들이 즐겨 마시던 기호품이다. 차도라는 것이 있기도 하지만, 그것은 자세를 바르게 하여 귀한 마음으로 마시는 태도로부터 비롯된 것이다. 그래서 경내에 이웃하여 맑음의 상징인 자연의 자생 차가 자라고 있는 것이 사찰의 깊이를 더하게 한다.

한국 고찰에서의 증축과 느낌의 변화

요새 사찰마다 박물관 건립이 유행하고 있다. 통도사, 수덕사 등 소위 유명 사찰일수록 거창하게 짓는 경향이 있는데, 그 박물관 건물들이 기존 사찰의 불전 등 주요 건물보다 규모가 훨씬 더 크게 되어서, 경건한 수행 공간에 위압감을 주며 전통적으로 느껴 온 분위기와 다르게 되기 쉽다. 그리고 이대로의 추세라면 향후에는 박물관에 의한 새로운 사찰 형식이 학술적으로 정립될지도 모른다. 그러나 그것은 사람들이 바라는 도량의 경건한 이미지와 맞지 않는다.

그동안 일반적인 사찰 배치 구도는 일주문, 천왕문, 불이문을 차례로 지나 초월 세계를 상징하는 법당 영역에 이르며 경건함이 쌓일 수 있게 되어 있었다. 그리고 불전 앞에 서면 저 멀리 보이는 자신들이 떠나온 속계를 마치 돌아가지 않을 먼 세계처럼 바라보이는 편안한 시야가 열려 있었다. 그런데 큰 시설물이 들어서 앞을 가로막으며 그 편안한 시선을 잃게 되는 경우가 많아지고 있다. 원래 사찰에는 미술적 가치를 의식하기 앞서 신앙심을 바탕으로 정성스레 만든 의례용품과 대덕 고승들의 덕을 기리는 마음으로 빚어진 것이 유래가 소중하게 간직돼 왔고, 끝내는 속인들이 탐내는 미술적 가치도 알만하여 마치 시골 아낙네가 이불장에 혼례 반지 보관하듯 간직해 왔었다. 그런데 그처럼 있는 듯 없는 듯 보관해 온 유물들을 근래에는 관광객에게 홍보하듯 박물관을 크게 지어 전시하려는 추세이다. 그래도 선암사는 타 사찰들의 변화에 아랑곳하지 않고 묵묵히 제 모습을 지켜 왔었다. 그런데 최근 입구에 새로 성보박물관이 지어지고 나서 선암사를 들어오면서 느끼던, 오랜 세월 변치 않을 것 같았던 그 조용한 이미지가 조금 달라졌다.

이곳에 그 건물을 짓기로 한 것은 몇 년 전 소중한 탱화를 도둑맞고 나서라고 한다. 그래도 선암사에선 새로 지은 박물관 규모가 다른 곳에 비해 장대하지 않고 경내 다른 건물을 가리우지 않아서 다행스럽다. 입구의 느낌은 달라졌지만, 경내로 접어들면서 보이는 박물관 지붕은 경내 다른 건물보다 낮고 볼륨이 적어서 큰 영향을 미치지 않고 있다. 또 이곳 선암사만큼은 더 깊은 다른 멋이 담겨 있기에 그로서 충분할 수 있다.

산사의 새벽

새벽별 초롱이 푸르고
아직 어둠은 두터운데
목탁의 청음
정적을 가른다.

갓 수계한 비구니
곤한 잠자리
떨치기 아쉬울 때

긴 여운의 범종 소리
여명을 부르러
깊은 숨을 토하면

육신의 번뇌
무거운 마음 가다듬고
총총히 성긴 걸음
법당에 다다른다.

우리 전통건축의 멋은 형식적 요인 외에도 주변의 자연 사물 및 천연의 건축 부재에서 풍겨나는 담백한 재질미에 의해 호감과 정서적 풍요로움을 갖게 된다. 오래된 건축 부재에 세월의 깊이가 쌓여 자연적으로 변해 가는 느낌은 유물적 힘을 의식하게 한다. 그리고 이끼 낀 돌과 고풍스런 재질의 변화는 시간이 사물에 함축되어 생긴 감각이다. 만약 어떤 사물이든지 기계적으로 시간을 누적할 수 있다면 즉시 귀한 모습으로 변할 것만 같다.

- 필자의 본문 중에서 -

화암사 花巖寺

계곡을 거슬러 올라 만나는 화암사

화암사의 입지와 창건내력

화암사가 큰 사찰이 아니면서도 깊은 울림이 전해오는 이유는 큰 산세의 기운에 면해 있기 때문이다. 화암사가 안긴 불명산은 금남정맥의 밑뿌리인 운장산(1126M)과 대둔산(878M) 등에 맥이 닿아 있다. 지리상으로 전라북도와 충청남도의 경계를 이루는 그 산맥은 모태인 백두대간의 흐름과 반대로 뻗쳐 있는데, 그로써 주변 산세가 더 치렁하게 되어 그곳을 찾아갈 때는 평지로부터 점차 크고 험준한 지역으로 들어서는 것을 느끼게 된다. 화암사는 그러한 산세의 안온한 터에 자리 잡고 있어 깊고 그윽한 공간감을 느끼게 한다.

화암사의 내력에 대해서는 신라시대 진성여왕 때 일교국사가 창건했다는 설화가 전해오지만 확실히 밝혀진 것은 없다. 다만, 선조 5년(1572)에 기록해 세운 〈화암사 중창비〉에 "옛날 신라의 원효와 의상 두 조사께서 중국에 유학을 갔다가 도를 얻고 귀국하여 이곳에 주석하였다. 두 분은 사찰을 짓고 머물렀는데, 절 법당의 주불인 수월자용(水月姿容) 보살은 의상 스님이 도솔산에 수행하러 갔다가 친견했던 자용과 등신(等身)으로 조성한 원불(願佛)이었다. 절의 동쪽에는 원효가 도를 닦은 원효대(元曉臺)라는 법당이 있고 남쪽 고개에는 의상암이라는 암자가 있으니 모두 두 분 조사께서 수행하시던 곳이다." 라는 기록이 있어 이 절의 창건이 삼국시대로 거슬러 올라감을 짐작 할 수 있다. 그런데 같은 비문에 "조선 초기의 관리로 있던 성달생이 절을 세우고자 터를 찾다가 신라시대에 화암사가 있던 이 자리가 산 좋고 물이 맑아 적지라는 이야기를 듣고, 제종 7년 이곳에 다시 화암사를 세웠다."는 내용은 확실한 듯하다. 그 때 3칸의 불전을 매우 화려하게 짓고 차례로 승당, 조성전 등 여러 건물들을 완성하였는데 당시 지은 3칸 불전이 극락전인 것으로 전해진다.

극락전 내에 있는 전라북도 유형문화재 제40호 지정된 동종은 저절로 울려 스님들을 깨웠다는 전설이 깃들어 있는데, 그 종은 일제 강점기 때에는 스님들이 땅에 묻었다가 광복 후에 다시 꺼냈기에 지금까지 보존할 수 있었다고 전해진다.

산중에 홀연히 나타나는 수도처

최근은 발길이 부쩍 잦아졌으나 이전에는 화암사를 아는 사람이 그리 많지 않았다. 규모가 작고 찾아가기도 어려운데다 주변에 유명 관광지가 있는 것도 아니기에 그 곳만을 위해 먼 길을 나서기 쉽지 않았을 것이다. 그래도 서울에서 가기에 가장 쉬운 길은 전주에서 완주군 봉동읍과 동상면을 거쳐 운암으로 접어드는 길이다. 운암 삼거리에 이르면 다시 좌측 대둔산 방향으로 방향을 잡고 2km쯤 가다 나오는 주유소 우측으로 들어가고, 감과 대추가 많이 나는 요동마을이 나오면 다시 좌측 길로 들어서 1km쯤 가면 주차장이 있는데, 거기에 차를 두고 불명산을 오르는 등산객들이 주로 많이 이용한다. 그리고 거기서 화암사로 가려면 우측으로 난 좁은 산길을 들어가야 한다.

화암사로 오르는 계곡길

화암사 외부 전경

화암사에는 길이 없다. 길은 길이되 통상의 길과는 다른 길을 가야 한다. 주차장에서 걸어 들어가다 보면 그 좁던 길마저 없어지고 물이 흐르는 자연 계곡을 거슬러 올라가게 된다. 그래서 처음 방문하는 사람이라면 약간은 당혹스럽기도 하다. 계곡을 거슬러 올라갈 때는 바닥의 자갈돌을 살펴 디뎌야 하고 좁은 계곡 벼랑을 골목처럼 지나야 한다. 그렇게 더 나아가다 보면 지형의 단 차를 따라 쏟아지는 작은 폭포도 두엇 만나게 된다. 어떤 때는 지나는 사람들의 위험을 막고자 공사 현장용 발판을 깔아 놓을 때도 있다. 그리고 그처럼 조심스럽게 한 걸음 한 걸음 내딛는 동안 사람들의 의식은 점차 세속과 멀어지게 된다.

옛날에는 화암사에 도달하려면 그 계곡 끝을 막아선 절벽을 기듯 올라가야 했다. 그런데 근래에 그 옛길 대신 긴 철사다리를 만들어 놓아서 자연스런 운치를 떨어뜨리는 것이 흠이지만 주변 절벽을 올라 들어온 쪽을 바라다보면, 어느새 굽이굽이 중첩된 능선이 저만큼 멀리 펼쳐져 보인다. 그리고 그 계단을 올라 조금만 더 가면, 화암사는 그 위치를 모른 채 계곡 길을 더듬어 올라간 이들에게 불명산 어느 뫼에 홀연히 나타난다. 산 속을 헤매다 나타나는 그 홀연한 마주침은 마치 구도의 길을 나선 사람이 오랫동안 헤매다 극락의 세계를 만나는 것과 같다. 그러나 계곡을 거슬러 어렵게 찾아가 맞닥뜨리는 건물은 성채의 입구처럼 앞을 굳게 막아서고 있다.

작은 다리 너머 정면으로 보이는 건물은 우화루의 뒷면인데 마당 쪽에서 보면 단층이지만, 입구 쪽에서 보면 2층 구조여서 더 성채처럼 굳세 보여서 마치 읊조리기라도 해야 들여 줄 태세다. 홀연히 나타난 반가움과 그 배척감에 잠시 혼란스런 마음을 가다듬고 보면 좌측 계단 위에 통로처럼 낮은 입구가 보인다.

산사와 구도(求道)의 터전

언젠가 인도 여행 때 자연현상을 주제로 만든 테이프를 사 왔었다. 사막, 산, 강, 바람을 주제로 한 것인데, 그 모두가 공통적으로 태초의 황량하고 쓸쓸한 느낌으로 다가왔다. 그래서 그 음악을 들을 때면 돌연히 나 자신도 본래의 내면을 찾아 나선 듯한 기분이 된다. 자연을 대표하는 그 각각으로부터

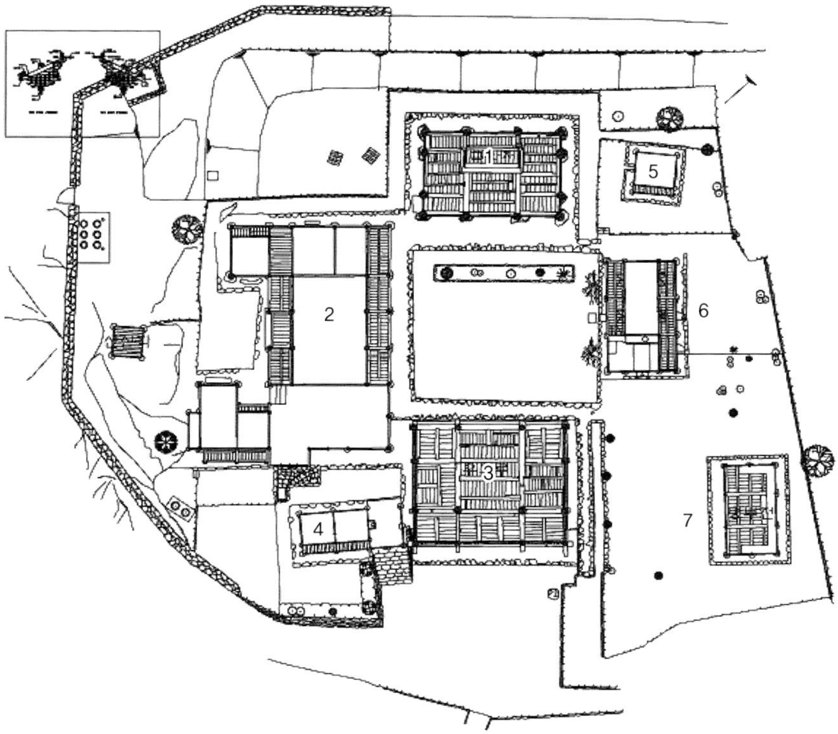

1. 극락전
2. 적묵당
3. 우화루
4. 문간채
5. 철영재
6. 불명당
7. 명부전

배치도

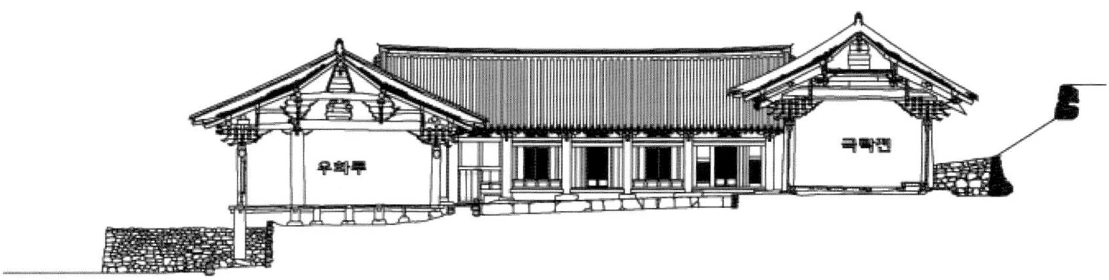

종단면도

거대한 울림의 느낌이 전해 오기 때문이다.

생각해 보면 인류역사의 위대한 사상은 다 자연의 힘을 배경으로 나왔다. 유가는 평원으로부터 오고, 도가는 산으로부터 오고, 힌두교는 강으로부터 오고, 이슬람 사상은 사막으로부터 왔다. 그 중 이슬람 사상은 가장 늦은, 기독교 성립 후 육백년이 지난 때에 나타났다. 현대처럼 빠르게 변해 가는 상태로는 육백년 후 모습이 지금처럼 살아 있기를 기약하기 어려울 듯하지만, 과거에는 변화가 적었기에 그만큼의 세월이 흐른 뒤에도 여전히 원초적 신비로움이 있었다. 그리고 사막은 현대에도 그 느낌이 비슷하다. 사막에서의 밤은 죽음이 암시될 만큼 두렵도록 침묵이 무겁다. 그 때 밤하늘의 별은 유난히 성결케 느껴진다. 어느 때 유성이 성호를 긋고 둥근 하늘을 지나가면, 또 어디선가 애끓는 짐승 울음 같은 소리가 바람결에 스쳐 간다. 그리고 이슬람 사상이 인간에게 구원의 희망을 줄 수 있게 된 것은, 죽음을 떠올릴 만큼 황량한 사막에서 오히려 영혼의 순수함이 불러일으켜지는 힘에 있다.

동양사상의 도는 산으로부터 생겼다. 고대로부터 산은 인간이 변형할 수 없는 원초의 힘이 유지되는 경외의 대상이었다. 한국문화의 시원을 훨씬 오래 전으로 잡으며 그 의미를 중히 생각하는 사람들은 우리 고대의 신선사상이 중국보다 앞서 발생했고, 중국사상의 형성에 영향을 주었다고 주장한다. 그렇다면 우리나라에서 신선사상이 생겨난 것은 이 땅에 산이 많아 수도처로서 적합하였기 때문일 것이다. 옛날 사람들은 그처럼 자연의 성결함을 체험할 기회가 많았다. 깨달음은 모두 그와 같은 환경에서의 직관의 순간에 나왔을 것이다. 본래는 산이나 들이 본래 모두 원초적 힘을 지니고 있었다. 하지만 현대에는 오지마저 사라져 가고 있다. 인간의 체취가 닿지 않는 야생동물들의 삶터가 거의 없어져 가고 있다. 그리고 사람들은 지식의 홍수를 이루는 현대에 지혜는 점점 메말라 가고 있다고 말한다.

산사는 아직 자연의 순수함이 살아 있는, 그런 환경에서의 수행 공간이다. 산지에 사찰을 짓기 시작한 것은 평지가 세속화되자 좀 더 순수한 자연 환경을 찾아 간 까닭도 있을 것이다. 그리고 산맥의 기운이 이어지는 좋은 입지 속에 그 기운을 힘입고자 했다. 산은 주변의 풍광을 관조하며 밝은 빛, 맑은 바람, 편안함, 기분 좋은 시선을 이루게 했다. 그것은 유독 산이 많고 산세가 아름다운 한국의 지리만이 가질 수 있는 특성이다. 산은 현재에도 인간의 힘으로 범접하지 못하는 그 어떤 원초적 숨결이 남아 있는 곳이다. 그리고 참된 수행을 행하기에 적합한 곳이다. 특히 이곳처럼 계곡을 기듯 올라가는 오지의 느낌이 더 귀히 다가오는 것이다.

우화루 정면

어둠에서 빛으로

화암사의 진입은 특별한 체험의 구도를 갖고 있다. 밖으로부터 입구를 찾아 돌계단을 밟고 안으로 들어가면 그림자가 드리운, 골목 같은 사잇공간을 지나게 된다. 그리고 그 입구로 들어서서도 바로 마당이 나오지 않고 다시 꺾인 골목을 빠져나가야 하는데, 그러면 마침내 사방에서 건물들이 감싸며 둘러선 마당이 있다. 닫힌 경계를 지나 어둠에서 빛으로 나아가 고요하게 펼쳐진 내부의 아늑한 세계와 만나게 된다. 그처럼 어둠을 통해 빛으로 나가는 과정은 혼돈에서 깨달음을 이루는 과정을 연상케 한다.

어둠과 밝음은 음양사상의 상징이다. 동양적 우주관을 대표하는 음양사상에서는 모든 것이 음과 양의 결합으로 말미암아 생성 발전되는 것으로 본다. 그것은 진리에 있어서 뿐 아니라 미도 마찬가지 원리로 이해하고 있어서, 상반된 요소끼리의 만남에 의해 힘이 발생된다고 생각한다. 사물의 고유성은 독립된 개체의 특성 여부로서 규정되고 그 의미는 다른 사물간의 관계에 의해 부각된다. 옛 건축

극락전 내부

도 닫힘과 열림, 조용함과 분주함, 빛과 어둠, 긴장과 이완, 엄숙함과 평화로움, 움직임과 고요함과 같은 상반된 요소의 대치와 조화에 의해 감각이 창출된다.

건축은 정적이며 자연은 동적이다. 침묵에 의해 자연의 기가 느껴지고, 공기의 흐름, 시선의 흐름과 빛의 변화, 물의 흐름, 지형의 흐름과 함께 균형미를 이룬다. 오랜 경험으로 축적돼 온 감각은 부도를 만들거나 불탑을 만들거나 불상을 만들 때 발휘되던 것과 상통하는 것이다.

이 시대 건축가들은 디자인 훈련을 받는다. 그러나 그것은 현대에 생겨난 관념이다. 옛 사람들에게는 지금과 같은 계량적 의미가 강한 관념으로 사물을 보는 것을 격이 낮은 것으로 생각했다. 멋은 감각적이며 종합적인 느낌의 어휘이다. 그리고 단지 일상에서 행해지는 모든 것 가운데 멋을 추구했다. 그 시대에 가졌던 멋의 관념과 감각은 보다 넓고 우주적이다. 자연 지형, 공기의 순환, 빛 등이 미치는 힘을 감각적으로 알아채고 그와 균형을 이루었다. 그래서 전통 건축은 자연현상을 제대로 파악하고 응용하는 것으로부터 시작되었다. 그리고 화암사의 멋도 그렇게 이루어졌다.

극락전 천정의 장엄

국내 유일의 하앙식 구조

화암사 극락전은 현존하는 국내 유일의 하앙식 건물이다. 목조 전통건축의 공포형식은 주심포식, 다포식, 익공식, 하앙식으로 구분되는데, 하앙식 구조로 되어진 것은 화암사 극락전뿐으로 2011년 11월 28일 보물 제 663호에서 국보 제316호로 승격된 것은 그 점이 크게 참작되었기 때문이다. 문화재청은 "우리나라에서 유일한 하앙식 목조 건축으로 역사적, 학술적, 건축적으로 가치가 뛰어난 완주 화암사 극락전을 국보로 승격 · 지정하여 국민이 함께 누릴 수 있는 문화유산으로 관리해 나갈 계획"이라고 밝혔다.

화암사 극락전이 갖는 사료적 가치는 매우 크다. 하앙식으로 되어 있는 일본의 법륭사를 백제 장인이 건너가 지었다는 사실을 뒷받침할 수 있기 때문이다. 이 건물의 존재가 알려지기 전까지는 유물 등을 통해서만 우리나라에 하앙식 건축이 존재했을 것으로 추정해 왔다. 부여 박물관에 소장된 백제 청동제 소탑편과 간송미술관의 금동불감에서 하앙구조를 볼 수 있다. 그래서 역사적 기록이 남아 있음에도 불구하고 하앙식이 한국을 거치지 않고 중국 남조에서 곧바로 넘어갔다는 주장이 제기되고 있었다. 하지만 그 때의 발견으로 우리나라에 하항식 구조가 실재한다는 것이 밝혀져 그러한 설을 일축할 수 있었다. 하앙식 구조는 백제에서 유행했을 것으로 보고 있다.

화암사 극락전은 정면 3칸 측면 3칸의 맞배지붕으로 1981년 해체 수리 때 발견된 기록에 의하면 정유재란 당시 피해를 당한 이후 1605년 중건되었는데 그 당시 유행한 양식은 다포식이었다. 하앙식은 국내에 다른 사례도 없고 중국에서도 점차 사라져가는 시기였다. 하항식 구조는 몇 가지 구조적 특징을 갖고 있는데 가장 큰 특징은 공포 부분에 코뿔소의 뿔처럼 아래로 뻗쳐 있는 하앙이라는 부재의 사용으로 그것이 주심포식이나 다포 양식의 건물과 눈에 띠는 양식적 차이를 나타낸다.

전통건축에서 주심포나 다포식 같은 보편적인 공포 구조는 소로와 첨차가 수평 수직으로 결합되어 도리를 떠받치는데 하앙식은 첨차 위에 지붕 경사와 같은 방향으로 놓인 하앙(下昻)이 지붕 경

극락전 정면 전경

극락전 전면의 하앙공포

극락전 후면의 공포

극락전 후면의 하앙공포

사도와 거의 같은 기울기로 걸쳐져 지붕 하중을 지탱할 수 있게 한 구조이다. 화암사 극락전은 외2출목 내3출목의 공포 위에 하앙 부재가 빗놓여 있다. 그러한 하앙식 구조는 건축이 처음 등장한 선사시대의 움집에서 지붕을 간편하게 형성하기 위해 통나무를 경사지게 걸쳐대던 것과 같은 원리이다. 그런데 원시시대와 다른 점은 그 후 건물의 규모가 커지고 기와를 사용하면서 구법이 정교해지고 기술이 발달하여 공포가 짜여 지는 것이다.

공포는 처마를 깊게 만들면서 설치한 외목도리를 받치고 커진 건물의 전체적인 비례감도 갖추는 역할을 하고 있는데 하앙식도 같은 원리에서 하앙이 도리를 받치는 형태로 사용되었다. 그러나 이 구조는 역사적으로 이른 시기에 성행한 후 후대에는 지붕 구조가 쏠려 내리는 구조적 단점 때문에 점차 자취를 감추게 되었다. 이는 중국의 전통건축에서도 후기에는 잘 나타나지 않는다. 그런데 화암사 극락전은 조선 중후기까지 그 방식이 이어져 온 점에 있어서도 의미가 있다. 화암사 극락전이 복원 당시의 일반적인 건축 양식과 달리 하앙식이 고수된 이유가 소실되기 전 건축 양식을 그대로 본떠 지으려 했기 때문이거나 정유재란 때 전소되지 않고 일부만 불탄 것을 옛 보습을 따라 중건한 때문으로 추측하기도 한다. 그렇지만 전면 하앙의 조각 장식과 구간포의 하엽주두, 그리고 내부 살미에 인화 당초를 조각한 것 등은 조선 중기 이후의 장식화 경향이 나타나는 시대적 흐름이 반영된 것으로 볼 수 있다.

극락전의 하앙 모습은 앞뒤가 서로 다르다. 하지만 하앙 끝 부분의 마감 형상만 다를 뿐 치수와 쓰인 방식은 모두 같다. 전면 하앙의 끝은 용머리 장식이 되어 있고 후면은 뾰족하게 마무리 했는데 구조적 특징은 후면의 것에서 더 잘 느껴진다. 그리고 극락전 전면의 현판은 공포를 잘라내지 않고 공포 사이에 한 글자씩 따로 편액을 만들어 놓은 것이 특이하다. 극락전의 외양은 하앙 외에는 전체적인 인상이 다포계 건축의 일반적인 모습과 비슷하다. 공포의 초제공과 이제공은 살미의 끝만 살짝 올린 앙서형으로 강건한 힘이 느껴지는 조선 중기 이전의 모습이라 할 수 있다. 극락전 내부의 불단에는 아미타 삼존불상이 봉안되어 있고 불단 위에는 화려한 닷집으로 장엄되었다.

또한 천정은 우물천장인데 중도리 안쪽을 한단 높게 하여 층급을 두었으며 반자에는 문학과 연화문이 그려져 있다. 그리고 비룡을 중심으로 비천상, 봉황 등을 목각하여 매달아 놓았는데 그것도 조선 중기 이후에 나타나는 경향이다.

균형잡힌 짜임새와 당우들의 건축적 가치

국내 유일의 하앙식 구조로서 극락전의 건축적 가치는 새삼 언급할 필요가 없을 것이지만 필자가 화암사의 가치를 높게 여기는 것은 그러한 사료적 가치로서가 아니라 깊은 산지 가람로서의 분위기와 입지에 알맞은 짜임새 있는 공간감 때문이다. 한국전통 건축은 지형지제 등 입지와 균형을 이루게 한 것이 건축 행위의 핵심이라고 할 수 있다. 같은 규모에 비슷한 배치의 건물일지라도 입지조건에 따라 그 느낌이 크게 달라질 수 있다. 화암사는 전체 규모가 그리 크지 않고 배치도 단순한 구도이지만 건물들의 종교적 성격이나 각기 다른 용도의 건물 간의 결합이 아주 멋스럽고 감각적으로 짜여져 있다.

도담과 지붕이 어우러진 질박한 풍경

아늑한 산세에 안긴 화암사

극락전과 적묵당 지붕의 겹쳐보임

적묵당 옆마당

우화루 기둥에 걸린 옛 목탁

이곳의 좁은 경내에서는 부석사처럼 교리를 도식화한 과정적 배치를 이룰 수 없다. 그리고 그 같은 상황에서 중앙을 통해 마당으로 바로 들어갔을 때는 매우 단조로운 느낌이 들 것이다. 그렇지만 화암사는 동선 처리에 의해 입구에서 일시에 경내와 맞닥뜨리는 부담을 해결했다. 단순한 구도지만 경내가 풍요하게 느껴지는 것은 좁고 늘어진 진입 동선에 의한 점진적 공간감의 변화와 대비적 감각을 느낄 수 있기 때문이다. 그로써 엄숙성과 풍요로움을 함께 느낄 수 있다.

화암사의 진입 동선은 골목과 같은 통로를 따라 들어와 한편으로 조용히 움직이게 되어 있다. 사람들은 안으로 진입하면 무의식적으로 적묵당 마루에 앉게 된다. 화암사의 내부 동선은 참 알뜰하다. 주입구를 통해 들어오면 적묵당의 마루 앞을 지나게 되는데, 마당 중심에서 비켜선 그 동선이 간결하여 마당의 힘을 깨뜨리지 않는다. 동선은 마루와 만나고 잠시 머무르다 다시 조용히 움직인다. 그 조용한 몸가짐들이 차분한 분위기를 지켜 주고, 도량의 엄숙함을 유지하게 된다. 이 정도 규모로 아늑한 분위기를 이루고 있는 것은 감동적인 일이다. 우화루 아래에서 곧 바로 진입했더라면 지금 같은 호흡을 느끼기 어려웠을 것이다.

진압하면서 2층으로 보이는 우화루는 뒤편 마당에서 보면 마룻바닥이 마당 지면과 거의 같은 높이로 된 1층 구조이다. 그리고 마당 쪽은 벽이 없이 바로 트여 있어 실상의 느낌으로는 마당의 영역이 그 내부까지 확장되어 보인다. 그러면서 그 마당 같은 우화루의 바닥 공간과 외부의 마당이 밝고 어두움, 열리고 막힘 등의 미묘한 변화의 감각을 불러일으킨다. 그리고 마당이 더 차분하고 안정감 있게 느껴진다.

화암사의 특별한 멋은 우화루와 적묵당 등의 부속 건물에서도 느낄 수 있다. 정면 3칸 측면 3칸의 맞배지붕 다포식 구조로 되어 있는 우화루는 조선 광해군 3년(1611)에 세운 것으로 그 뒤에도 여러 차례 수리한 기록이 있다. 우화루의 명칭은 부처님이 득도한 후에 설법을 하시는데 꽃비가 내렸다는 이야기에 근거를 둔 것으로 다른 여러 사찰의 불전 앞에도 이와 같은 명칭의 건물을 많이 볼 수 있다.

보물 제662호로 지정된 우화루는 퍽 독특한 느낌을 지닌 건물이다. 단청을 하지 않아 목재의 맨 물성이 세월을 먹은 고졸한 느낌을 띠면서도 포작의 섬세하고 균형잡힌 모습에서 품격과 섬세한 맵시를 느낄 수 있다. 우화루 안쪽 기둥에 걸려 있는 천연덕스러운 모습의 옛 목탁은 이 절집 분위기와 딱 맞게 느껴진다. 적묵당도 그 구조와 자리 잡음이 진솔하고 단아하게 느껴진다. 편액이 걸려 있는 극락전 앞마당에 면한 구조와 부재들은 소박하고 고졸한 느낌을 띠면서도 그 구조 수법의 품격과 섬세한 맵시를 간직하고 있다.

단조로운 구조와 풍요로운 느낌

화암사는 규모가 작은 아담한 산사이다. 경내의 건물이래야 극락전, 우화루, 적묵당, 불명당, 명부전, 철영재, 산신각 등 대여섯 채가 전부이다. 가운데 마당을 중심으로 극락전, 우화루, 적묵당, 불명당이 사방을 둘러치고 있고 그 세 모서리 방향으로 문간채와 철영재, 명부전이 놓여 있으며 적묵당 뒤편에 홀로 놓인 산신각으로 구성되어 있다.

후대에 산사는 밀교의 영향으로 잡다해진 경향이 있었다. 그래도 화암사의 배치는 위계의 축과 시선의 축이 있다. 극락전은 남향을 하며 우화루와 축선을 이루며 종교적 엄숙성을 형성하는 구도이다. 그리고 적묵당과 불명당이 그와 직각으로 시선의 축을 이루고 있다. 그 시선은 상대적으로 규모가 작은 불명당을 넘어 트여 나간다. 적묵당 마루에서 불명당 너머로 바라보면 푸른 하늘에 실루엣을 그리며 산자락이 펼쳐지고, 능선을 넘은 빛이 그윽이 서려 있다. 적묵당 맞은편 산을 오르면 그러한 산사 배치를 모두 한눈에 볼 수 있다. 경내는 밖에서의 폐쇄적 형식에 구애됨이 없이 그 풍광을 마당에 끌어들인 채 고요한 개방감을 갖게 했다. 이곳을 목적 없이 들른 방문객들도 요사체 마루에 앉아 그 정취를 한동안 감상하다 일어선다. 하지만 정작 그 시선은 사찰 주변에서 멀리 펼쳐진 장관의 풍광을 향하고 있지 않다. 어쩌면 그러한 풍광을 보는 시선으로부터도 자유로워지려는 것일 듯하다.

화암사는 대웅전 마당, 불명당과 명부전 사이의 마당, 요사체 마당 등 경내 곳곳에서 다양하고

둘러친 건물의 폐합이 이루는 극락전 마당

적묵당 후면 마당

산신각과 적묵당

우화루 내부

개성 있는 장소적 체험을 할 수 있다. 고즈넉한 사잇 마당과 뒷마당에는 수행 생활의 삶의 체취가 드러난다. 거기에는 생활 도구를 갖추고 있고, 창고도 있으며 공양할 때 피어오르는 굴뚝의 연기처럼 수행자의 소박한 삶의 자취가 있다. 적묵당은 마치 이웃집처럼 불전 영역과 등을 마주 대하고 있다. 자신의 몸체로서 영역을 가르며, 그 앞과 뒤쪽에 성격이 다른 마당을 형성한다.

극락전 쪽 마당은 때때로 불교 의식도 거행되는 사찰의 상징적 장소로서 짜임새 있는 모습으로 엄숙성을 띠는데 비해 그 반대쪽 면은 요사체 마당으로 일상적인 기능성에 맞게 되어 있고 작고 소박한 느낌인데, 그 작고 소박함은 극락전 앞마당을 더 엄숙하게 느껴지게 한다. 그리고 극락전 앞마당은 반듯하게 비워져 있다. 수행자들은 생활의 모습이 스승을 모신 불전 마당에 드러나지 않게 조심하는 것이다. 그리고 설선당 뒤편 산봉우리에 오르면 산자락이 멀리 겹겹이 펼쳐진다. 그 먼 감각에 잠시나마 너럭바위에 가부좌를 틀고 명상에 빠져들 분위기이다. 그리고 그곳 모두가 수행하는 영역의 일부가 된다.

자연정취와 빛과 사물의 감각

모든 사물은 존재 자체로서 경이의 감각을 갖고 있다. 지구 내 어느 존재가 멸종되는 것은 그 개체의 경이를 잃는 것이다. 그리고 사물의 인식은 존재의 경이를 깨닫는 일이다. 사물은 서로 다른 것이 대비되거나 연관되어 보임으로써 감각이 더 잘 드러난다.

우리의 전통건축의 멋은 형식적 요인 외에도 주변의 자연 사물 및 천연의 건축 부재에서 풍겨나는 담백한 재질미에 의해 호감과 정서적 풍요로움을 갖게 된다. 오래된 건축 부재에 세월의 깊이가 쌓여 자연적으로 변해 가는 느낌은 유물적 힘을 의식하게 한다. 그리고 이끼 낀 돌과 고풍스런 재질의 변화는 시간이 사물에 함축되어 생긴 감각이다. 만약 어떤 사물이든지 기계적으로 시간을 누적할 수 있다면 즉시 귀한 모습으로 변할 것만 같다.

이 사찰은 경계가 돌담과 건물, 축대로 둘러쳐 있는데, 입구에서 경내로 들어서지 않고 해우소로 가는 길의 일곽은 천연의 너럭바위로 되어 있어서 바위의 물성을 듬뿍 느낄 수 있다. 그곳은 요새처럼 돌담과 건물로 둘러쳐져 있다. 그리고 경내보다 지형이 높은 적묵당 뒤편에서 보면 건물은 돌담과 축대 아래로 묻혀 보인다. 그러한 구도는 절제의 힘으로 작용할 뿐 무미건조하게 느껴지지 않는다. 부분 부분 뭉개져 자연스럽게 쌓여 있는 돌담 너머로 보이는 바랜 기와지붕과 산자락의 선이 어울려 함께 정취를 발한다. 가을 돌담 너머에서 사찰을 보면, 형상보다는 빛의 느낌에 의한 감각이 좋다. 가을 들녘에 넘실대는 벼이삭에 비추는 그 햇살이, 산사의 가을 단풍이 물들어 가는 나뭇잎과 돌담과 목재와 지붕 흙기와에 산란하며 느낌을 발한다.

빛이 닿은 자연의 물성 또한 귀하고 아름답다. 모든 사물은 빛이 닿아 존재로 인식된다. 빛은 대자연의 침묵 속에 드러나면서 그 존재를 더 뚜렷이 느낄 수 있다. 옹달샘에 얼굴이 비춰 질려면 물결이 없어야 하는 것처럼, 사물을 제대로 느낄 수 있으려면 그 자체에만 의식이 작용할 수 있도록 고요해야 한다. 그리고 맑게 고인 샘물처럼 침묵 속의 빛도 사물을 투명하게 비추는 힘이 있다. 물로 얼굴을 씻을 수 있는 것처럼 침묵은 영혼을 씻을 수 있다.

전통건축에서 빛과 그림자는 조형 요소로도 작용한다. 긴 처마가 드리우는 그림자는 형태적 입체감을 갖게 한다. 마당은 건물에 위요된 한정된 장소성으로 인해 자연과 구분된 인위적 느낌을 갖게 한다. 거기다 건물의 그림자가 마당에 드리워 마당 공간을 입체적으로 인식되게 한다. 그래서 외부와 내부가 합쳐진 중성 공간으로 느껴지게 한다. 전통건축에서 내부 공간의 분위기를 특징짓는 가장 중

가을 햇살이 닿은 고즈넉한 체취

적묵당 후면 마당

극락전 측면과 부도

요한 요소 또한 빛이다. 대기의 강렬한 빛은 방안으로 창호지를 투과해 들어오며 은은하고 맑은 기운으로 변한다. 그 빛은 조절된 빛이며 다시 자연을 그리워하게 하는 빛이다.

근래의 변모와 변화

화암사는 길이 없는 깊은 산중에 홀연히 나타남이 가장 큰 인상이었다. 그러한 모습이 그 곳의 건축적 감각을 더 귀하고 신비롭게 다가오게 했었다. 그런데 근래 문화유산으로서의 위상이나 시설에 손길이 가해지면서 몇 가지 변화가 생겼다. 우선 옆으로 길게 가로놓였던 우화루 정편 우측의 축대가 앞쪽으로 넓혀져서 마당이 놓인 것처럼 느껴지게 되었고 그로 인해 이전의 속세와 냉정히 연을 끊을 듯 했던 장소적 감각이 변하게 되었다. 그리고 수리전 굵기와 형상이 자연스럽고 고졸함과 담백한 느낌을 발하던 적묵당의 느낌도 변해 있다. 근래 보수로 오랜 세월의 체취를 잃고 마는 한국의 다른 문

전면의 넓혀진 축대와 물탱크

화유산들처럼 적묵당을 보수하면서 이전의 고풍스런 체취가 적잖이 손상된 면이 있다.

적묵당은 평소 눈에 잘 띠지 않으면서도 그 절집 분위기 형성에 큰 비중을 차지하고 있었다. 자연스럽고 휘어지고 크기도 각각 달랐으며 자연의 무늬결이 살아 있어 공포 등의 초각과 자연스럽게 일체되어 있었다. 그런데 이번에 새로 얻은 서까래는 반듯하고 규격도 통일되어 있다. 그리고 새로 쓴 부재에 방부 칠을 하여 자연 물성의 맛이 퇴색되어 있다. 그리고 가장 큰 변화는 후면 쪽으로 차로가 연결된 것이다.

입구로부터 2.3km 거리를 콘크리트 포장도로로 건설해 놓았다. 그것은 이전에 길이 없이 도보로 이동해 들어서던 화암사의 감각에 큰 변화를 낳게 했다. 내가 초판 저서에서 길이 없는 절이었다고 하는 전체적인 입지성이 변화된 것이다. 그것은 과거 사찰 등 종교시설의 이용과 현재의 종교 활동과의 변화로 여겨지기도 한다. 현재 한국의 사찰에는 문명의 편리함이 많이 배어 있다. 그리고 그 만큼 자연 앞에 나가 수양하던 원래적 장소성의 감각이 점차 변해가는 것이 아쉽게 느껴진다.

외국 방문객들은 한국의 전통건축 가운데 종묘를 가장 좋아한다고 한다. 그리고 흔히 종묘를 동양의 파르테논이라고 일컫는다. 그렇지만 파르테논에 대한 그 선입된 기억이 동양의 파르테논이라고 불리는 종묘의 가치를 자칫 간과하게 하는 이유일지도 모른다. 사람들이 어떤 것과 빗대어 이쪽 가치를 나타내려 할 때는 대개 그 비유대상의 가치가 높다는 것을 전제로 이쪽의 가치를 따라 높이려는 의도로 말하게

종묘 宗廟

된다. 하지만 종묘에 대해서만큼은 그렇게 하는 것이 매우 위험한 일이다. 그것은 고유의 덕목이 다른 경우이거나, 사람들이 생각하는 바와 달리 거꾸로 이쪽의 가치가 더 높을 수 있기 때문이다.

- 필자의 본문 중에서 -

특이한 건축

종묘는 세계 인류문화유산 가운데서 가장 귀중한 대접을 받고 있는 우리의 유산이다. 1995년 12월 9일에는 불국사와 석굴암, 해인사와 대장경판고 등과 함께 유네스코 지정 세계문화유산으로 등록되었으며, 2001년 5월 18일에는 종묘제례(宗廟祭禮)와 종묘제례악(宗廟祭禮樂)이 역시 유네스코에 의해 2001년부터 시행되기 시작한 "인류구전 및 세계무형유산 걸작"으로 선정되었다. 그런데 사람들에게 물어 보면 그 느낌이 각각이어서 어떤 사람은 좋다고 하고, 어떤 사람은 무섭다고 하고 또 너무 쓸쓸하다거나 장엄한 느낌이었다고 한다. 대개는 다른 데서와 달리 뭔가 특별한 느낌을 갖는 듯하지만 외국 건축가들이 '위대한' 건축이라고 극찬하는 만큼의 가치는 덜 알려진 듯하다. 세계적인 명물이 된 지금도 그곳을 찾는 사람은 다른 고궁에 비해 그리 많지 않다.

필자는 20여 년 전 처음 그곳을 방문했다. 그 때 뭐라 설명하기 어려운 아주 특별한 느낌을 받았다. 아무튼 고귀하고 엄숙한 인상에 마음이 이끌려서 그 후로 생각이 날 때마다 종종 들러 보았는데 어떨 때는 새삼, 시대를 초월한 위대한 건축의 힘 앞에서 스스로 겸허해짐을 느끼기도 했다. 그동안 필자가 한국전통건축에 대해 빈번히 언급한 것은 자연과 어우러진 시정 어린 느낌이었다. 하지만 종묘는 또 다른 면모로서 감동과 멋을 안겨 준다. 그런데 그것은 제례의식의 성격으로부터 비롯된 것이다. 마치 근대건축의 슬로건처럼 기능에 충실히 따른 결과라고도 말할 수 있을 것이다.

조선시대에 엄격히 지켜진 유교의 풍습 가운데서도 제례가 가장 중시되었다. 일반 사대부가에서 재사(齋舍)라는, 묘제(墓祭)를 올리기 위해 별도로 집을 지은 것만 보아도 그 의식이 얼마나 강했던지를 알 수 있다. 더욱이 종묘는 조선사회에서 왕가(王家)의 법통(法統)을 상징하기에 모든 노력을 기울였을 것이다. 그리고 여기에 그 정신이 결집되어 이룩된 엄숙한 느낌을 대한다. 종묘는 국가 내에서 가장 위계가 높은 시설이다. 일상에서는 어디서든 왕이 머무는 시설이 가장 높은 위상을 지니지만 종묘 안에서는 선대 왕의 위패를 모신 공간이 가장 위계가 높아서 이른바 신의 영역으로 간주된다. 그리고 현재의 왕은 그 신적 존재들에게 제례를 올리는 역할이 부여될 뿐이다.

종묘는 제례 의식을 거행하는 곳으로서 무거운 정숙함이 느껴진다. 그리고 제례를 행하지 않을 때는 항시 거대한 침묵 속에 경건한 기운이 흐른다

종묘와 예(禮) 이데올로기의 표출

공자의 '예(禮)' 사상과 노자의 '도(道)' 사상은 중국 역사에서 가장 깊고 강력한 영향을 끼쳤다. 그 두 사상의 큰 줄기는 자연과 인간이었는데, 그 둘의 근본적인 차이점은 도가는 초점을 자연에 두고 예가는 인간에 둔 점이다. 인간은 오래 전 자연현상을 대하면서부터 운행의 이치를 의식하여 왔는데

동문을 들어서며 보이는 정전의 신계

도가에서는 그것을 도라 하였고 섭리에 따라 살 것을 권하였다. 그에 비하여 예의 사상은 사회를 이해하고 다른 계급간의 관계를 이해하며, 도덕에 의한 사회의 질서를 바로 세우는 것을 강조하였다. 그런데 인간 생활에는 예가(禮家)가 더 직접적인 영향을 미쳐 왔다. 그 이유는 인간이 항상 직면하는 문제일 뿐만 아니라 위정자들의 필요에 의해 사회 규범으로 자리잡아 왔기 때문이다.

'예(禮)' 사상은 특히 우리나라 조선사회에서 강한 영향을 끼쳤다. 그리고 조선사회에의 가장 큰 가치 기준이었다. 왕은 국상이 나면 3년상을 다 할 때까지 정사(政事)에 신경 쓰기보다 근신하는 모습을 보여야 했다. 통치를 잘 하기보다 그렇게 하는 것이 백성의 감화가 더 컸다. 연산군이나 광해군을 폭군으로 몰아 왕의 자리에서 밀어낸 명분도 예의 이유였다.

종묘는 조선왕조의 역대 왕과 왕비의 신위(神位)를 모시고 제사 지내던 곳이다. 정전과 영녕전에는 조선조 27대 왕과 이태조의 사대조, 그리고 개국과 반정(反政)후 왕의 선친을 추숭(追崇)하여 부묘(祔廟)한 경우 등 도합 34위의 왕과 47위의 왕후 그리고 의인 황태자의 신위가 모셔져 있다. 왕에 대한 가장 따끔한 충고로 쓰이는 말이 "종묘사직을 생각하라"인데, 종묘는 왕가의 법통을 상징하

정전의 전실

고 사직은 삶의 기반인 땅과 곡식을 의미하는 것으로서, 그 둘로서 국가를 상징하는 것으로 여겼기 때문이다.

왕가에서 왕과 왕비 등이 승하하면 먼저 국장도감(國葬都監)을 설치하고 빈전(殯殿)을 차려 문상케 한다. 그후 능이 완성되면 육신은 능에 안장하고 혼백은 혼전에 모셨다. 그리고 삼년상을 마치면 가신주는 매안(埋安)하고 새로 만든 신주를 종묘에 모셨는데 이를 부묘라고 한다. 이로써 정식으로 선왕의 신위가 종묘에 모셔지게 되는 것이다.

종묘정전에서는 매년 섣달과 춘하추동에 한 번씩, 다섯 차례 큰 제사를 올렸다. 그 외에도 즉위, 국혼 등 길례 때나 가뭄, 홍수 등 흉액이 닥쳤을 때에도 이를 고하고 제사를 올렸다. 그리고 임진왜란 때 소실된 후로도 제일 먼저 복원하였다. 제례는 왕이 직접 지내야 하지만 그 때마다 이상하게 왕이 아픈 일이 많았다. 결국 왕이 친례한 일이 드물었고 세자와 신하들을 시켰다. 중요한 일이지만 왕으로

신위를 모셔둔 정전의 감실

정전 감실에 모셔진 신위

서는 너무 피곤하였던 듯하다.

종묘에서의 신주봉안의 원칙은 이미 성종 때 국조오례의(國朝五禮義)에 규정해 놓았었지만 새로 그 일을 맞을 때마다 종법상의 명분을 내세우는 신권과 정리를 내세운 왕의 친권간에 강하게 갑론을박했다. 어떤 경우에는 왕의 즉위 대수와 족보상의 위계가 거꾸로 되는 일도 생기었다. 성종의 윗대는 숙부가 되는 예종이다. 세조의 장남이었던 아버지가 제위에 오르지 못하고 일찍 죽었기 때문이다. 그런데 성종이 왕이 되자 그 부친을 덕종으로 추존하며, 이미 내려온 대물림을 무시하고자 예종의 위에 두었다. 그 경우 의례절차에 민감한 반응이 일어나 극력 반발하는 신하와 옹호하는 신하가 편이 갈려 정치 싸움으로 비화되곤 했다. 곁가지에서 승계된 왕일수록 정통성을 중시하게 되고 적극적으로 자신의 부친을 왕으로 추숭(追崇)하고자 했다. 반정으로 등극한 중종과 인조 등이 그 경우이다. 그리고 종묘에는 정식 왕비만이 위가 모셔질 수 있었다. 그래서 선대에 왕비가 아닌 몸에서 태어난 후대의 왕은 자신의 생부나 생모를 종묘에 배향하기 위해 애썼고, 원칙을 앞세우는 신하들과 빈번한 갈등을 빚어 내기도 했다.

종묘를 알면 조선왕조의 권력이 보인다. 그것이 종묘에서 신주를 봉안하는 과정에서 드러났다. 그로써 재위시 힘이 세었던 왕과 힘이 약했던 왕에 대한 대접이 후대에 다른 것을 알 수 있다. 그리고 왕위 계승과 관련한 왕의 여인들의 치열한 암투와 왕손들의 흥망도 알 수 있다.

제례가 펼쳐지고 있는 종묘 정전

불천위 제도와 정전 규모의 확장

조선왕조는 오묘제를 택하여 국가나 백성 모두 사대(四代)까지 기제사(忌祭祀)를 올렸다. 그것을 사대봉사라고 한다. 그리고 그 사대봉사가 끝나서 위패를 옮기는 것을 천위(遷位)라고 하는데, 사대부가에서는 묘소 근처에 묻고 종묘에서는 별묘(別廟)인 영녕전(永寧殿)으로 옮기어 계속해서 모시었다. 그리고 옮기지 않고 계속해서 제사를 올리는 것을 불천위(不遷位)라고 하는데, 원래 불천위는 시조 한 사람만이 해당되는 것이었다. 하지만 왕가뿐 아니라 사대부가에서도 가문을 빛낸 특출난 선조는 그 공적을 길이 기리고 가문의 영광을 드러내고자 천위하지 않는 풍습이 있었다. 사대부가에서 퇴계나 율곡 같은 이들이 그들이다. 그런데 조선왕조에서는 불천위한 경우가 천위한 경우보다 더 많았다. 그리고 종묘에서 불천위의 왕이 정해진 것에는 다분히 정치적이고 자의적인 요소가 있었다.

대체로 역대 왕 가운데 태종, 세종, 세조, 영조, 정조처럼 힘이 세고 업적이 큰 왕들을 불천위 하여 그대로 정전에 모셨다. 세조의 경우 후사를 이은 왕이 정통성을 확보하려는 의도로 불천위로 정하였다. 또 정조 후대들이 아직 그대로 정전에 있는 이유는 고종이 대한제국을 선포하고 나서 그 윗대를 황제의 예를 받들어 6대봉사하려 했으므로 아직 친진(親盡)되지 않은 위이다. 반면 영녕전에 모셔진 16위 중 제위한 왕으로서 천위된 신주는 정종, 문종, 단종, 예종, 인종, 명종, 경종 등 7위뿐이고, 나머

재궁 남문

신계를 나타내는 구름무늬 조각

지는 모두 추존된 경우인 바 그처럼 영녕전에는 추숭왕과 재위기간이 짧았던 왕들이 주로 모셔져 있다.

지금과 같은 종묘의 모습은 조선 왕조가 다하기까지 긴 세월 동안 이루어진 것이다. 그리고 처음에 정전을 7간으로 지었던 것은 사대봉사 후 그 윗대는 천위하여 별묘에 둘 것으로 계획했기 때문으로, 만약 그 원칙이 제대로 끝까지 지켜졌더라면 종묘의 크기는 변함없는 채 별묘만 계속해서 확장되었을 것이다. 그렇지만 실제로는 그리 되지 않았다.

현재 모습처럼 정전이 훨씬 크게 된 것은 천위하지 않은 불천위 위패가 많이 봉안되어 있기 때문이다. 그로 인해 종묘는 제위가 늘어날수록 새로운 제실이 필요해지므로, 조선왕조가 다하기까지 확장과 증축을 계속해 오게 되었다. 지금의 종묘는 역대 왕조에 의해 계속해서 확장된 결과이며, 조선왕조가 현재까지 건재했더라면 얼마나 더 커졌을지 알 수 없다. 아마도 이미 확장이 이루어졌을지 모른다. 현재의 모습은 오히려 왕조가 끝났음을 확인시켜 주는 것이다.

제례에 맞춰 가무를 하는 일무원

제실을 오가며 제례를 올리는 모습

향대청 앞마당

영녕전의 제례 모습

단순한 형식과 치밀한 기능성

종묘 정전은 전통건축 가운데 가장 큰 힘이 느껴지는 건물이다. 건물의 규모도 정면 19칸으로서 가장 길고 단순하다. 그러나 건물이 길다고 해서 여기처럼 힘이 강하게 느껴지는 것은 아니다. 그리고 단순성이 내용이 없는 간단함과 같은 의미가 아니며, 단지 단순하다 해서 그러한 멋에 쉽게 도달되는 것도 아니다. 단순한 것은 절제의 구현으로서 부분을 이루는 각각이 전체적인 하나의 통일된 주체 안에서 파악된다는 뜻이다. 건물의 부분들이 제각기 표정을 내밀며 나서려 하거나 자기 흥취에 빠져 독자의 얼굴을 갖으려 하면 단순성은 이루어지지 않는다. 전체를 이루는 모든 것들이 총체성을 갖고 하나의 목소리로 외침이 될 때 힘을 갖게 되는 것이다. 더욱이 작은 것은 단순성에 도달하기 쉽지만 큰 장소와 사물은 그렇게 되기가 어렵다.

정전은 본래 제사를 올리기 위한 기능에 충실할 뿐 기교를 부리려 하지 않았다. 여기에 쓰여진 건축적 수법은 다른데서 항상 쓰여진 수법 그대로 평범하다. 그렇지만 종묘는 단순하고 담백하면서도, 자세히 보면 형식적 완성도 또한 희귀할 만큼 높다. 그 건물의 기품 있는 모습은 구름 문양부터 기둥의 굵기와 월대의 박석과 전돌의 크기까지 균형을 이루고 있다.

그런데 종묘는 제례의 엄숙함과 건축형식의 힘이 일치되었다. 맞배지붕 건물의 단순함과 드넓은 월대가 장중한 의례의 장소성에 알맞은 느낌을 준다. 그런데 단순하고 엄격한 이미지와 달리 기능적으로는 매우 짜임새 있게 되어 있다. 제례의 시작부터 마지막까지 일사불란하게 펼쳐지는 제관의 드나듦의 문과 머무름의 위치, 그리고 일무원과 악공의 위치로부터 축문을 소제하는 요소(燎所)에 이르기까지 모든 것이 예법상 흐트러짐 없이 면밀하게 계획되어 있다.

제례때일망정 왕과 왕세자를 위한 또 다른 예를 의식하여 준비되고 있다. 월대와 정전 주변에는 왕과 왕세자의 자리를 표시하는 판위(板位)가 있는데, 특히 왕은 제례 중에도 판위 위에 소차방이라는 천으로 만든 그늘 집에서 쉬도록 배려된다. 그리고 부묘 때 신주를 올려놓고 고하는 부알위(祔謁位), 수복청에서 제례음식을 임시로 차려 올려놓는 찬막단(饌幕壇), 그리고 제례에 쓰이는 동물을 잡는 생작단(牲雀壇) 등, 특정한 용도로 쓰이는 여러 종류의 판위들이 있다. 또한 남문과 동문, 서문은 각각 신(神)과 제관, 악공 등이 출입하는 문으로 각기 위계가 달랐다. 제관이 아닌 사람은 제례 때 그 누구도 월대 위에 올라갈 수 없었는데 왕손 및 신료 등 단순한 참관인들은 정전 담장안 하월대로 오르기 전의 흙 마당에 서 있어야 했다. 그래서 최고의 의례가 펼쳐지기에 손색이 없음을 알 수 있고 평소 무심코 보여지던 것들이 모두 기능적 충족을 위해 이루어져 있다는 것을 알게 된다.

제례가 펼쳐지는 정전의 각 부분은 엄격한 위계가 부여되어 있는데, 그 위계는 우선 단의 차이에 의해 드러난다. 정전은 초월의 영역으로서 제례 때 제관만이 올라갈 수 있다. 그리로 오르는 계단의 소맷돌 모퉁이에는 구름 무늬를 조각해 놓았는데 그것은 그곳이 천상의 세계임을 상징하는 것이다. 그리고 정전 내의 신실은 방으로서 의미보다, 여러 켜로부터 가장 위계 높은 위치로서의 의미가 더 크다. 신실 내에서도 신주는 커튼과 발이 쳐진 함 안까지 다시 여러 켜로 둘러싸여 있다.

종묘제례는 긴 시간 동안의 엄격한 제례의식 외에도 신을 맞아 즐겁게 하기 위한 화려한 축제가 벌어진다. 매년 5월초 첫 번째 일요일에는 종묘제례를 옛 모습대로 재현해 보이고 종묘제례악도 연주된다. 그 때 보면 종묘가 제례 절차에 맞게 어떤 쓰임새를 갖고 지어졌는지 이해하는데 큰 도움이 된다. 제례의 진행에 따라 상월대, 하월대에서 등가, 헌가의 주악이 연주되는데 그것이 종묘제례악이다.

종묘 정전

정전과 월대

그리고 그에 맞춰 일무원들의 춤이 펼쳐진다. 평소 엄숙하게 비어 있던 월대는 제악과 일무가 화려하게 펼쳐질 때면 그 장중한 제례와 함께 충만함이 가득하다.

월대의 후박한 느낌

정전이 웅대하고 장엄한 분위기로 느껴질 수 있는 것은, 장중한 건물뿐 아니라 드넓은 월대와 그곳에 깔린 박석이 물성을 흠씬 뿜어대고 있는 때문이다. 월대에서 발산되는 물성의 힘은 그것이 아무런 형상도 없지만 어떤 조형을 한 형상보다 외침이 크다. 건물과 월대는 마치 비너스상의 얼굴과 몸체처럼 균형을 이루며 각각의 것보다 더 큰 외침으로 전해지고 있다. 그 월대가 마당에서 돋구어져 있는 점도 중요하다. 정전 정문을 들어서면 계단으로 월대에 오르게 되어 있는데, 물성이 강한 정연한 월대의 구획조건에 의해 더 강한 힘이 뿜어지는 것이다. 그리고 그 월대의 힘이 잘 인식될 수 있는 것은 담장에 의해 한정된 영역으로 되어 있기 때문이다. 울타리가 윤곽을 이루고 있음으로써 여백과 형상의 대비가 뚜렷이 인식될 수 있다. 그 울타리가 없다면 그냥 무한 공간의 부분이 되어 그 비움의 힘을 인식할 수 없을 것이다. 그런데 그 울타리는 밖에서 보면 높지만 그 안의 월대 위에서 보면 상대적으로 낮아 보이기에 단절감이 완화되며, 담장 밖 자연도 의식되는 정제된 구획임을 느낄 수 있다.

종묘는 '공즉시색 색즉시공' 이라는 말이 연상된다. 그곳에서 건물에 의해 느껴지는 힘은 3할 정도이고 나머지는 월대의 힘으로 보인다. 그리고 월대에서 뻗쳐나는 그 커다란 힘에 의해 그 굳건한 정전마저 가볍게 느껴진다. 공허부의 힘이 오히려 실체인 정전의 힘을 압도한다. 즉 '공즉시색이며 색즉시공' 이다. 월대는 비어져 있지만 기운이 채워져 있다고 할 수도 있을 듯하다. 그것은 마치 염분이 진한 바닷물처럼 물성이 투영된 공간의 세기가 느껴진다. 그리고 한정된 영역의 뜰에 깔린 물성의 질박함은 그 엄숙한 정전마저 가볍게, 조형을 뽐내 보이기라도 한 것처럼 가볍게 느껴지게 한다.

종묘는 조선 왕조가 더 계속되었다면 증축되어 현재의 모습이 깨어졌을 수도 있다. 그리고 사람들의, 지금의 종묘 모습에서 완벽한 균형감을 느끼며 그 모습을 절대적인 것으로 지니고 싶은 마음에는 얼마간 석연치 않은 느낌도 갖게 될지 모른다. 그리고 변화 때의 모습을 부정적으로 상상할지 모른다. 그러나 본래 종묘에서의 느낌은 건물의 형상이 아닌 형식으로부터 우러나온 것이다. 무한정은 곤란하겠지만, 정전이 지금보다 좀 더 길어지더라도 월대의 형식과 중후한 물성이 드러나는 한, 그 바탕 느낌은 큰 차이 없이 유지될 것이다.

종묘와 파르테논 신전

그리스 아테네 아크로폴리스 언덕에 있는 파르테논 신전은 역사상 가장 위대한 건축으로 일컬어져 왔다. 「이러한 건축은 이전에도 이후에도 없었다. 2500년 동안 여기를 보아온 사람들은 여기에 하나의 결정적 순간이 있었다고 말할 것이다.」 — 르 꼬르뷔제—

그것에 깃들인 정신은 전 인류 역사상 나타난 그 어느 것보다도 숭고하게 여겨져 왔다. 먼 나라에 있지만 교과서에 나와 있는 그 건축물의 모습을 많은 사람들이 기억하고 있을 것이다. 그것에서 어떤 숭고한 느낌을 공감하였을 것이다. 그것으로부터 느껴지는 숭고한 정신성은 오늘날 과학기술의 힘을 과시하며 인간을 달에 도착케 한 우주선이나 핵무기의 파괴력, 인터넷 같은 정보매체의 힘도 능가할 수 없는 것처럼 보인다. 외국 방문객들은 한국의 전통 건축 가운데 종묘를 가장 좋아한다고 한다. 그리고 흔히 종묘를 동양의 파르테논이라고 일컫는다. 그렇지만 파르테논에 대한 그 선입된 기억이 동양의 파르테논이라고 불리는 종묘의 가치를 자칫 간과하게 하는 이유일지도 모른다. 사람들이 어떤 것과 빗대어 이쪽 가치를 나타내려 할 때는 대개 그 비유대상의 가치가 높다는 것을 전제로 이쪽의 가치를 따라 높이려는 의도로 말하게 된다. 하지만 종묘에 대해서만큼은 그렇게 하는 것이 매우 위험한 일이다. 그것은 고유의 덕목이 다른 경우이거나, 사람들이 생각하는 바와 달리 거꾸로 이쪽의 가치가 더 높을 수 있기 때문이다.

종묘와 파르테논, 확실히 그 둘 사이에는 비슷한 감각이 있다. 우선 그 모두가 엄청난 기념비적 성격을 띠고 있다. 종묘를 지을 때는 지금보다 훨씬 규모가 작은 일곱 칸으로 시작되었지만 처음부터 기념비적 성격이 띠어졌다. 조상신을 모시고 제사드리는 신전 같은 성격상, 백성들의 가옥 내에 설치한 사당일지라도 그럴 수밖에 없었다. 그로서 종묘는 애초에 피라미드 같은 상징성을 띠게 된데다가 왕조가 늘어나고 지금처럼 커지게 되면서 엄숙한 기념성은 더 극대화 되어졌다. 그리고 그 둘 다 지형적 영향이 작용되어 있다. 종묘는 중국으로부터 전해온 왕경의 법식에 따라 궁궐과의 위치를 고려한 가운데 음택으로서의 풍수사상이 적용되어 있다. 그리고 파르테논의 축은 피레우스로부터 펜탈리니쿠스까지 뻗친다. 아크로폴리스 언덕이 아닌 파르테논은 그 감동을 자아낼 수 없었을 것이다. 바로크 시대에 독일의 클렌쩨가 파르테논을 본떠 설계한 발왈라 궁전은 장소에 따른 배경 차이에 의해 전혀 감동적이지 못하다.

하지만 그 둘 사이에는 차이점이 더 많다. 파르테논을 아크로폴리스 언덕 위에 지은 이유는 잘

파르테논 신전

남산문에서 펼쳐 보이는 정전

드러나게 하기 위한 선택이었다. 그 완벽한 균형을 지닌 형상은 처음 그대로 지녀져 왔다. 그리고 그 건축적 감동은 지형과 장소의 영향이 강하게 작용되어 생겨난 것이다. 그리고 그 돋보이는 지형과 건물은 성공적으로 잘 결합되어 보인다. 신전, 그 질서의 웅대함이 아크로폴리스 언덕 전체와 하나로 융화되어 기념성이 커지고 있다. 그들이 모시는 신의 위험을 전 시대 전 장소에서 우러러 볼 수 있는 장소를 물색해 지은 것이다. 어느 시대의 정신과 결단, 그것은 역사상 위대한 건축적 성과를 잉태하는 계기였다. 그리고 결과적으로 볼 때 자신들이 섬기는 신의 위용을 드러내려 한 의도가 제대로 충족되었음직 하다. 그러나 동양의 파르테논이라 불리는 종묘는 하나의 기념비적 형상의 완결성을 갖고 유지된 것이 아니라 계속해서 확장되어 왔다. 그리고 엄격한 이미지는 비슷하지만, 종묘는 담장 밖으로 멀리 드러나지 않는다. 파르테논은 그 자체가 드러나도록 하는 것을 목표로 하였지만 종묘는 찾아 들어갈 영역이 중요한 것이다. 그리고 그 영역 안은 거행되는 제례의 성격에 맞게 단순함으로 거대한 침묵을 만들었다. 그 엄숙한 힘은 정문 입구로부터 바로 드러나지 않는다.

언덕 위에 있는 파르테논은 멀리서부터 그 형상을 의식하며 다가가게 되지만, 숲속에 가려진 종묘는 그 존재가 드러나지 않은 채 한 장소를 향해 조심스럽게 조아려 다가가야 한다. 또 그곳에 모셔진 존재는 숭배의 힘에 굴하게 하는 존재가 아닌 자기들의 조상신이다. 그리고 이곳뿐 아니라 동양건축의 엄숙성은 건물 자체보다도 설정된 켜의 수와 나아가는 과정에 의해 더 커지게 된다. 황제 나라의 정전까지는 들어가려면 5개의 문을 지나야 하며, 제후국의 그것도 3개는 지나야 한다. 그것이 무릉도원이라고 해도 몇 구비는 지나야 도원을 만날 수 있다.

외국 관광객들이 종묘를 보고 파르테논이라고 한 것은 정전에 대한 정직한 직관으로 말했을 것이다. 아마도 그것은 정확한 느낌일 것이다. 하지만 파르테논의 성취가 보는 이에게 곧바로 드러나는 것이라면, 종묘에 적용된 관념은 보이지 않는 영역에까지 두루 미쳐 있다. 동양의 풍수지리 사상은 보여지는 형상 외에 훨씬 더 큰 스케일의 의미를 담고 있다. 또한 조상이 음덕을 베푼다는 독특한 동양의 신관(神觀)과 음양오행 사상이 적용되어 있다. 그래서 그곳에 적용된 동양적 사유를 제대로 이해한다면, 종묘는 더욱더 깊고 위대하게 느껴질 수 있을 것이다.

느낌을 깊게 하는 이완과 변화의 감각

종묘는 그 엄숙한 긴장감만으로 되어 있지 않고 긴장을 완화시킬 수 있는 이완적 요소들이 함께

망묘루 전면의 방지

공존하고 있다. 우선 배치상에서 보면 정전과 영녕전 등의 시설들이 바둑판처럼 기계적인 대칭과 통일성의 도형이 아니라 약간 어긋나듯하게 사선 방향으로 전개되는 구조로 되어 있는데 그로써 동선의 효율성과 함께 변화의 감각을 낳게 한다. 영녕전은 대각선 동선에 의해 실제 거리보다 가깝게 느껴진다. 그리고 규범적 엄정성과 자율성의 변화가 적절히 어우러져 있다. 정전의 기본 구조는 엄숙한 대칭성을 갖추고 있다. 그런데 그 가운데서도 좌우 익랑이나 전체상으로 공신당과 칠사당의 배치및 좌우 문의 크기가 서로 다르게 비대칭으로 구성되어 있다. 만약 종묘에서 그러한 요소들마저 배제된 채 모두가 통일된 구조로 되어 있다면 숨이 막힐 듯 긴장만이 고조되었을 것이다.

제례를 준비하고 대기하는 전사청등 여러 기능의 건물들도 그 곳을 다채롭게 하는 요소이다. 정전과 영녕전 이외의 상대적으로 작게 되어 있는 건물들은 종묘의 스케일을 더 장중하게 느껴지게 하는 요인이고 인공과 대비되는 자연의 숲도 단조로움을 벗어나게 하는 요소이다. 그러나 종묘는 그 다채로움에 의해 이완되거나 흐트러진 감각은 생기지 않는다. 시설의 구조와 제례의 형식이 상호 작용으로 더 깊고 높은 감각으로 이끌어지게 된다. 본질적 엄숙성은 변하지 않은 채 이완의 감각이 함께 어우러져 더 심원한 느낌을 띠게 되었다.

신의 길, 조아림의 길

서양의 신전에는 거대한 신상을 만들어 모시고 그를 우러러보면서 의식이 거행된다. 그런데 유교에서는 신주에 신이 깃들인다는 믿음을 가졌는데, 그 발상이 퍽 특이하게 생각된다. 종묘의 신주에는 가운데 홀이 뚫려 있는데, 그곳에 신이 들어와 깃들인다는 의미인 듯하다.

신도와 어도

왕이 제례를 준비하는 재궁

영녕전으로 향하는 제관의 행렬

종묘의 제례는 영신, 환신, 송신의 순으로 거행된다. 순서에 의해 신을 맞이하고 즐겁게 하고 보내드리는 과정이다. 먼저 영신례 전에, 신문을 통해 들어온 신이 신주에 깃들도록 길을 설치해 놓았다. 우주를 주유하다 신문으로 들어온 조상신은 신도를 따라 신실에 놓인 신위에 깃들게 된다. 그리고 정전과 영녕전은 정면의 신문(神門)으로부터 신실(神室)에 이르기까지 신이 나아가는 길이 놓여 있다. 그 길은 신도(神道)라 불리는 신(神)의 길이다. 그 누구도 범할 수 없는 신성한 의미가 부여된 길이다. 그 길은 상월대에서 끝나 있지만, 그곳은 이미 천상(天上) 세계를 의미하므로 거기서는 별도로 길을 표시할 필요가 없다. 정전의 뜰에서 그 길의 의미를 의식하다 보면 그곳의 위엄이 한층 더 높게 느껴진다. 그렇지만 의례를 위한 움직임은 그 곳으로 한정되지 않고 영역 밖에서부터 펼쳐진다. 제례를 올리러 오는 사람들이 예복과 몸가짐을 단정히 하는 데서부터 악공과 일무원 등의 움직임에 의해 다양하고 분주한 움직임이 있다. 그래서 종묘의 길들은 예를 준비하기 위해 매우 치밀하게 구성된 다양한 위계의 길로 되어 있다. 그리고 늘어진 관념의 길을 따라 움츠리고 드러남이 있다. 종묘 정문의 가운데로 들어서면 흙길 위로 거친 화강석을 도드라지게 깔아 만든 길이 있다.

입구로부터 제례의 장소를 향하는 제관의 움직임은 경건하고 엄숙하게 이루어진다. 그리고 자세히 보면 그 길은 폭이 셋으로 구분되어 있는데, 각각을 구분 짓는 좁고 긴 돌이 사이에 놓여 있다. 그 가운데는 양옆의 돌길보다 한층 더 도드라져 있는데 그것을 신도(神道)라고 하고 례를 올리러 온 임금이 걷도록 만든 그 양 옆을 어도(御道)라고 한다. 화강석을 거칠게 쪼개 만든 그 길은 질박한 돌의 물성이 힘 있게 드러난다. 그러나 왕궁에서와 달리 임금의 길인 그 어도(御道)는 신도(神道)보다 위계가 낮은 한갓 제관(祭官)의 길이다. 그 길은 주인의 길이 아닌 조상신께 제사 드리러 가기 위한 조아림의 길이다.

이완의 길, 포용의 숲

종묘는 정전, 영녕전, 전사청 영역으로 나뉘어 건물군을 이루고 있다. 그리고 그 영역 안은 엄정한 질서로 짜여져 있다. 특히 정전과 영녕전의 뜰은 의례가 거행되는 곳으로서 더욱 더 질서가 두드러진다. 사람들이 종묘를 갈 때면 정전 뜰에 이르러서야 그 특별한 인상의 종묘를 보았다고 생각하기 쉽다. 그리고 그 특별함이 종묘라는 인상으로 남아 간직하고 가게 될 것이다. 그런데 종묘에서도 한국건축 특유의 긴장과 이완의 요소가 균형을 이루도록 되어 있다. 그리고 그것이 종묘에서 질서의 힘을 더

숲에 둘러쌓인 정전

귀히 느껴지게 한다. 우선 배치 상에서 길의 흐름은 직교축의 질서로부터 이완되어 있다. 엄격한 질서를 갖춘 정전 및 영녕전 등의 영역들은 전체 가운데 섬처럼 놓여 있으며, 그 영역 사이를 연결하는 길과 부속채 등을 불규칙하게 적절히 혼재시켜 긴장을 이완시키고 있다.

또 종묘의 부속 건물은 정전처럼 뚜렷이 보이지는 않지만 잘 드러나지 않은 채 다양한 느낌을 창출하는 요소이다. 정전도 동서 문의 크기가 다르고, 그 안에 치우쳐 배치된 공신당 등에 의해 비대칭의 적절한 조화를 이루고 있다. 그럼으로써 획일적인 느낌이 들지 않는다.

종묘에는 신도와 제관의 길 같은 위계를 지닌 길 외에도 격을 부여받지 않은 길이 있다. 여기에서 흙길은 위계를 부여받지 않은 길이다. 그 길은 제례영역에 자신의 존재를 드러내지 않으려는 겸허한 구성으로 되어 있다. 그 길은 제례가 시작되기 전 제관 등이 이동하는 길이며, 평소에 종묘를 유지관리 하기 위한 길이다. 겸손한 그 길은 그래도 항상 평화롭다. 정문을 들어서서 영녕전 앞까지 계속

숲 그늘에 감싸인 흙 길

통하는 길은 건물 앉음새와 평행되지 않고 비스듬한 대각선 축을 이루고 있다.

그 길은 숲에 가려 정전과 직접적인 연관을 지어 보이지 않은 채 숲 너머의 깊이를 의식하게 한다. 그리고 접근하면서 점차로 엄숙한 존재의 영역이 드러나도록 되어 있다.

흐르듯이 나 있는 그 길들은 숲에 파묻혀 있다. 그리고 숲은 엄숙하고 큰 질서에 여백적 호흡을 준다. 건물은 숲에 가리어 제례와의 연관도 쉽게 의식되지 않는다. 그 숲길은 공중에서 드러나지 않는 길이며 녹음이 짙어 가는 계절에는 더욱 더 묻힌 길이 된다. 어두운 그늘의 숲 사이를 뚫고 지나온 햇살이 흙바닥에 반사되는 그 느낌은 오늘날 포장길로 가득한 도시환경에서 근원적 인식을 불러일으킨다. 또 종묘의 숲은 그 큰 인위의 힘마저 포용하는 깊음이 있다.

그 장대한 인위의 질서를 잦아들게 하며, 그 같은 포용의 요소에 의해 종묘는 더욱 더 깊은 분위기로 되어진다.

유가건축의 위대한 결실

인류역사 초기에 문명은 종교적 색채를 띠고 있었다. 고대에 건축은 주술적 기원의 힘이 작용되어 이룩된다고 생각했다. 폐사지에서 발견되는 초석은 그 자체로서 그곳에 있었던 인위의 자취를 대변하는 하나의 상징적 유물로 느껴진다. 그리고 땅 위에 세워지는 인위의 시작으로서 확고한 장소성과 존재성을 갖게 한다. 종묘는 한국전통문화유산 가운데 인위로서 무엇인가의 의지를 확실히 드러내고자 한 대표적인 사례이다. 피라밋이나 파르테논이 주는 인상과 같이 고대에 건축이 띠었던 상징성을 갖고 있다. 마치 고대에 제단을 쌓아 엎드려 신에 제사지내던 천단(天壇)과 같은 신성한 의미가 부여되어 있다.

종묘의 정전은 우리나라에서 가장 길고 단순하여 더 큰 힘을 자아내는 건축물이다. 사람들이 종묘에서 가장 감동하게 되는 것도 그 기념비적 느낌일 것이다. 하지만 그 진정한 의미는 한 국가의 존재 근거를 천명하는 숭고한 정신성의 표출로서 근원적 질서를 낳는 상징물인 것이다. 종묘는 조선사회의 기반사상이 함축된 것으로서 그 안에 담긴 의미는 건물보다 더 큰 위엄을 띤다. 그래서 종묘는 조선사회의 특성을 가장 뚜렷하게 표출하는 그리고 조선시대를 가장 잘 이해할 수 있는 그 시대의 살

아 있는 징표와 같다. 유교와 불교, 그리고 도가 등은 오랫동안 동양문화의 바탕이 되어 왔다. 그런데 중국과 일본에서는 여러 사상들이 각 시대마다 공존되어온 반면 한국에서는 대체적으로 적용되어 왔다. 그리고 국가가 채택한 통치이데올로기로서의 기능과 맞물려 강력히 민중에 전파되었다. 그래서 절대적으로 존중되어져야 할 사회규범이 되었고, 그 상징물은 최대의 권위를 띨 수밖에 없었다. 그래서 유교는 공자에 의해 중국에서 생겨났지만, 유교건축의 꽃은 한국에 남아 있게 되었다.

필자는 그곳에 갈 때마다 조선의 역사적 공과를 접어두고, 제례에 충실하려는 마음가짐에 의해 지금의 종묘 이미지를 탄생시킨 높은 품위와 안목을 지녔던 선조들에게 존경의 마음을 갖게 된다. 그리고 이 땅에 그 모습을 지니고 있는 것에 감사한 마음이 생긴다. 그런데 그 귀중한 유산이 일제 때 훼손된 채로 남아 있는 점이 아쉽다. 종묘는 풍수지리상의 음택 원리를 중시했기에 산맥이 이어진 지금의 곳에 자리를 잡았다. 그런데 일제 강점기에 조선의 정기를 말살하려는 의도로 창덕궁과 종묘 사이에 길을 내어 그 맥을 끊어 놓았다. 그리고 육교로 길을 이어 놓았다. 우리의 손으로 길을 내었더라면 그 중요한 의미를 깨뜨리지 않았을 것이다. 길을 내더라도 남산처럼 터널로 하면 본래 장소의 느낌이 확연히 살아 있을 것이다. 그리고 어쩌면 세계로부터 귀히 평가된 지금이라도 의지를 갖고 해야 할 일이 아닐까 생각한다고 했었는데 다행히 그 일이 현재 진행되고 있다.

창덕궁의 배치 구조를 보면 창덕궁의 조영이 퍽 슬기롭게 느껴진다. 창덕궁의 중심을 이루는 인정전은 군주의 위엄을 드러내는 상징적 공간으로 궁궐 조영의 뼈대가 된다. 그 인정전 터는 자연지형 가운데서도 정전의 규모가 자리잡을 만큼의 반듯한 크기를 갖고 있다. 하지만 그 앞 쪽에 놓인 산자락 때문에 그 진입영역을 경복궁처럼 직선축으로 할 수 없어서 돈화문으로부터 정전에 이르는 과정을 점차적으로 꺾어 들어가도록 했다. …중략…

昌 창 德 덕 宮 궁

후원으로 가는 길은 아름답다. 그 때의 발걸음은 자연의 품을 찾아드는 홀가분한 여정의 느낌이 든다. 산굽이를 넘으며 자연스레 굽은 길이 느린 발걸음이 되게 하며 주변 정취에 흠뻑 베이게 한다. 그곳은 낮은 산자락과 봉우리들이 잔잔하게 구비를 이루고 있고 그 사이로 흐르는 물길로 연못이 이루어져 있다. 한동안 접근을 금기시한 곳이기 때문일까, 후원은 외부 세계 사람들로서는 예기치 않은 원초적 생명력을 갖추고 있다.

- 필자의 본문 중에서 -

서울의 자연지세와 창덕궁

창덕궁이 1997년 조선의 궁궐 가운데 유일하게 세계문화유산이 된 데는 한국전통건축 특유의 아름다움을 두루 갖추고 있기 때문일 것이다. 즉 자연을 거스르지 않고 순응한 자세로 조화를 이루는 모습은 한국전통건축의 특징을 나타내는 가장 중요한 요소로서 빼어난 우리의 전통건축은 모두 입지의 특성을 살려 조화롭게 되어 있다.

예로부터 한양은 풍수지리상의 명당으로 불리었다. 조선이 한양을 도읍지로 삼은 이유도 그 때문이었다. 한양은 한북정맥으로부터 뻗어온 북한산의 정기가 흘러들어오고 내사산 외사산이 감싸고 있으며 동에서 서로 흐르는 강이 길지의 조건을 두루 갖추고 있다. 조선은 한양 천도 후 그 지세의 중심에 해당하는 백악 기슭에 정궁인 경복궁을 지었고 정종으로부터 왕위를 물려받은 태종이 한양으로 재천도 하면서 상서로운 산세의 기운이 감도는 터에 이궁으로 창덕궁을 조영하였다.

창덕궁은 종종 경복궁과 비교가 된다. 경복궁은 천하를 지배하는 군주의 위엄을 의식적으로 펼쳐 보이려 한 모습인데 비해 창덕궁 건물들의 배치는 지형의 흐름과 일치하여 모든 건물들이 지형지세와 알맞은 균형을 이루고 있다. 그리고 궁궐의 위엄과 장엄함, 화려함과 소박함의 등 다양한 감각이 복합적으로 어우러져 있다. 창덕궁의 아름다움은 지형지세에서 비롯된다. 서울이 도심에서도 주변 산세를 크게 느낄 수 있는 이유는 백악으로 뻗친 북한산의 기세가 여운을 남기듯 낙산 쪽으로 길게 서울을 감싸며 놓여 있기 때문이다. 그리고 창덕궁의 주산인 응봉(매봉)은 새로운 지맥의 무게 중심에 해당되는데 북악의 강골적 이미지와 달리 주변에 고루 맑은 기운을 퍼지게 하는 산세로서 청덕궁은 본래 궁궐이 갖는 화려 장대함과 그러한 지형적 형세가 조화를 이룬 빼어난 감각을 갖추고 있다.

창덕궁에 담긴 조선왕조의 숨결과 건축적 성격

왕조가 궁을 하나 더 둘 수는 있는 일이지만, 정궁인 경복궁을 두고 창덕궁을 서둘러 지은 것은 시기적으로 볼 때 그 표면적인 이유보다도 정치적 이유가 더 컸을 듯하다. 그것은 이태조 부자의 애증으로부터 비롯된다. 조선의 개창자인 이성계는 그 영웅적 이미지에 걸맞지 않게 곧바로 아들에 의한 쿠데타에 직면했다. 그것을 역사는 왕자의 난이라고 기록했다. 만약 그가 아들이 아니고 남이었다면, 조선의 건국은 역사에서 궁예처럼 실패로 기록되었을 것이다. 태종은 권력을 장악한 후 임금의 형 정

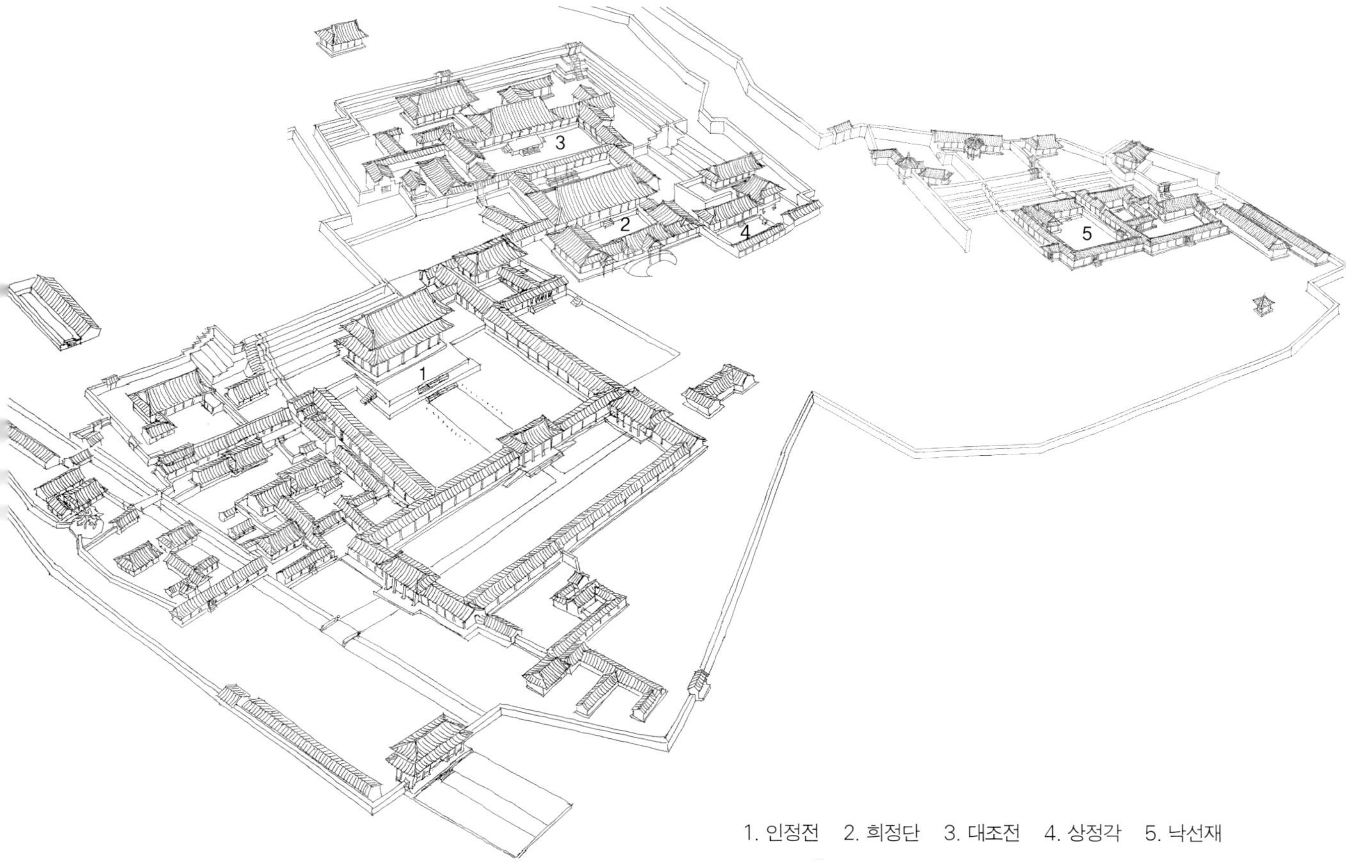

1. 인정전 2. 희정단 3. 대조전 4. 상정각 5. 낙선재

종을 세우고 다시 개성으로 천도했다. 그러다 자신이 왕이 되자 다시 서울로 환도했다. 그 때 아버지가 주석하던 경복궁을 차지하기가 민망하게 생각되었던지 창덕궁을 짓고 돌아왔다. 그런데 이궁인지라 경복궁처럼 왕경의 법식을 면밀히 지키려는 부담도 갖지 않아서 처음부터 그 성격이 다르게 되었다. 그리고 그러한 편안함 때문인지 역대 왕이 가장 오래 머물며 실질적인 정궁 역할을 했다.

궁궐의 인상은 매우 많은 건물들이 도시처럼 군집되어 있고 통치자의 권위가 겉으로 드러나도록 하며 용도와 영역별로 위계가 갖추어져 있는 모습이다. 그러한 궁궐은 크게 보아 국가적 행사를 거행하는 외전과 왕이 일상적 업무를 보던 내전, 거주 시설인 침전, 그리고 후원 영역으로 구분할 수 있다. 궁궐건축의 위엄을 세우는 노력은 모든 공간에 적용된다. 그래서 왕의 침소는 쓰임의 성격상 휴먼 스케일이 적용되어야 할 곳이지만 정전과 균형을 이루도록 하기 위해 규모가 필요 이상 커지게 되었다.

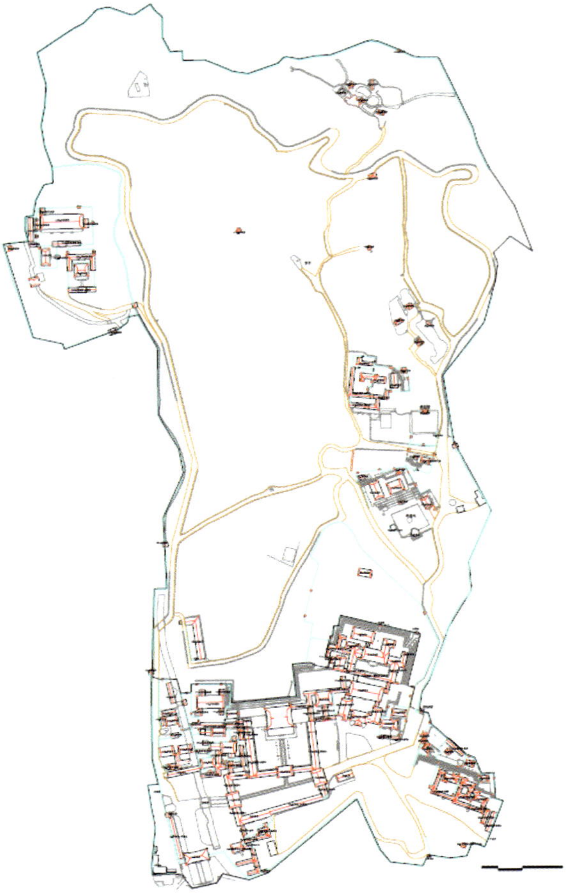

배치도

또 왕의 가족을 대접하는 것은 왕조의 권위에 관련되는 일이었다. 그래서 왕의 가족의 거처 또한 왕의 공간에 걸맞게 꾸몄다. 그리고 궁궐은 왕족을 보좌해야 하는 내시나 상궁, 나인들을 위한 호화롭진 않더라도 거처가 딸려야 했다. 그리고 그 보좌하는 사람들의 거처까지 충당되고 보면 궐역은 작지 않은 넓이가 필요했고 건물의 숲을 이루게 될 수밖에 없었다. 그리고 왕이 바뀔 때마다 거느린 후궁 등 달라진 가족구성에 의하여 규모도 조금씩 달라졌다. 궁궐은 왕의 일생이 시계 방향으로 펼쳐져 있다. 북쪽 중궁전에서 태어나 동쪽에서 청년기를 보내고 남쪽 정전에서 통치하고 죽어 서쪽으로 나가는 구도가 되었다.

궁궐 건축은 일반적인 전통건축과 그 바탕 성격이 다르다. 왕의 권위를 상징적으로 드러내기 위한 화려 장대함이 전통건축에서 흔히 대하는 척도나 자연스럽고 소박한 느낌과 차이가 나기 때문이다. 엄숙한 법도의 일상적 분위기와 권위적인 건축적 질서, 훌쩍 장소를 후원으로 옮겨서 느낄 수 있는 자연의 정취 속에 어우러짐 등은 여기서 만이 느낄 수 있는 것이다. 그리고 당대의 최고 장인과 최상급의 자재를 동원하여 만들었기에 건축적 솜씨 면에서도 최고의 수준을 갖추고 있다.

창덕궁 인정전 일우

창덕궁에서 느껴지는 건축적 빼어남은 건축을 만든 솜씨의 탁월함, 입지와 조화로운 자태, 그리고 수목 한그루 돌 하나까지 구석구석 잘 다듬어진 완결성이 총체적으로 베어나는데 있다. 창덕궁에 지어진 건물에는 의도적으로 안한 곳도 있지만 대부분 단청이 되어 있어서 병산서원처럼 그냥 맨살로 드러나는 진솔한 건축적 느낌을 대하기 어렵다 하지만 그 화려함이 건물 맵시의 자연스러움을 잃게 하는 것은 아니며 궁궐 특유의 기품 있는 인상을 발한다.

지형지세와의 균형

창덕궁의 모든 건물들은 지형지세에 따라 적절히 놓여 있다. 지형 흐름을 바탕으로 각기 다른 용도와 규모의 시설들을 터의 형국에 알맞게 배치하며 큰 틀을 이루었다. 즉 인정전은 인정전대로의 격식을 갖추기 알맞은 터에 위치해 있고 희정당, 대조전 등도 그 시설이 마치 옷을 입듯이 터의 크기에 맞게 들어서 있다. 창덕궁에서 가장 위계가 높은 건물인 인정전은 주산의 기운이 흘러드는 자리에 반듯하게 자리 잡았고 강녕전등 침전 영역은 인정전 영역으로부터 뒤로 후퇴된 위치에 후면과 좌우 능선에 감싸인 형국을 갖추고 있다.

그로써 정전 영역으로부터 독립적이면서 아늑한 분위기에 놓이게 되었다. 선정전 측면을 가다

금천과 금천교

신론과 어우러진 인정전 일우

한양의 풍수

서울 전경 스케치

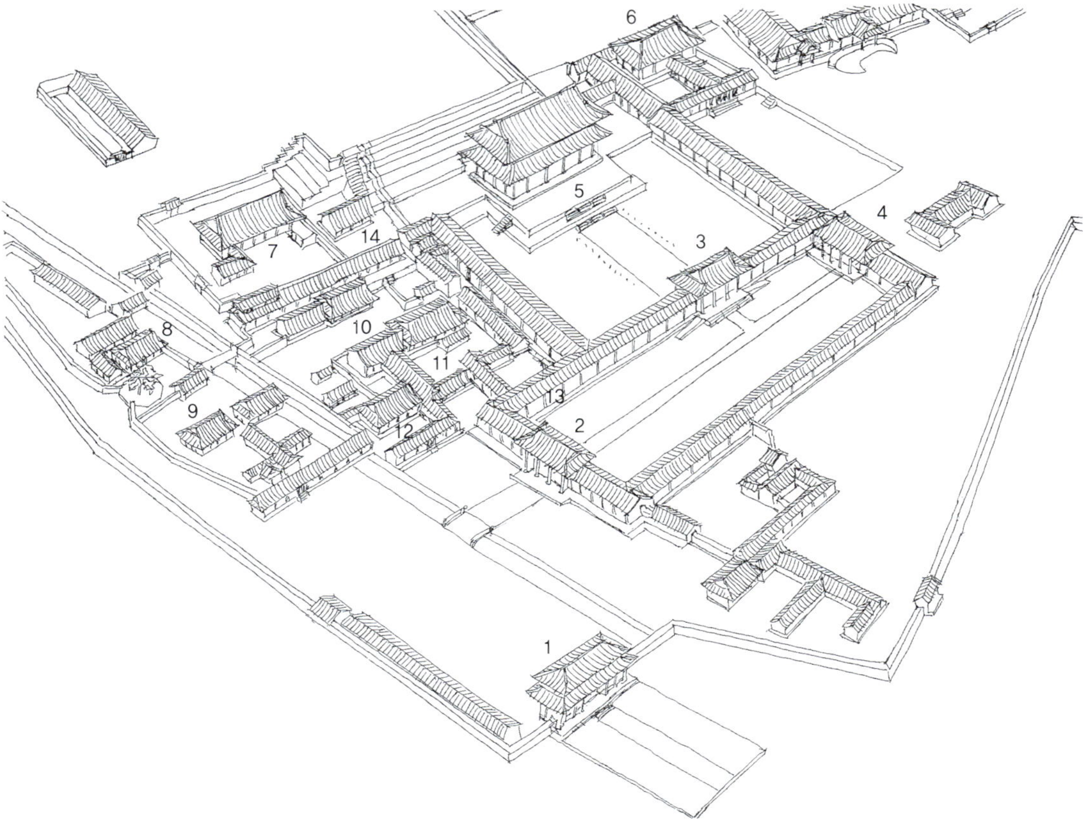

1. 돈화문 2. 진선문 3. 숙장문 4. 인정문 5. 인정전 6. 선정전 7. 구선원전 8. 봉모각 9. 규장당 10. 영의사
11. 약방 12. 옥당 13. 정청 14. 양지당

진선문 전면길

인정문

보면 통로가 점차 좁혀짐을 알 수 있는데 그러한 축의 변화는 주변 지형의 흐름에 적응하면서 자연스럽게 이루어진 것이다. 그리고 강녕전과 대조전을 감싸는 능선 너머 후원에는 굽이굽이 이어진 능선과 계곡이 어우러진 각각의 장소에 부용지, 반도지, 옥류천 등의 휴식 공간이 마련되어 있다.

인정전 정면

정전일곽의 위엄 있는 구도와 건축적 질서

창덕궁의 배치 구조를 보면 창덕궁의 조영이 퍽 슬기롭게 느껴진다. 창덕궁의 중심을 이루는 인정전은 군주의 위엄을 드러내는 상징적 공간으로 궁궐 조영의 뼈대가 된다. 그 인정전 터는 자연 지형 가운데서도 정전의 규모가 자리잡을 만큼의 반듯한 크기를 갖고 있다. 하지만 그 앞 쪽에 놓인 산자락 때문에 그 진입영역을 경복궁처럼 직선축으로 할 수 없어서 돈화문으로부터 정전에 이르는 과정을 점차적으로 꺾여 들어가도록 했다. 신하들은 궁궐 안으로 깊숙이 들어갈수록 통치자의 위엄의 무게를 온몸으로 느꼈을 것이다. 그리고 그 감각은 정전 앞에 이르러 최고조에 달한다. 정전에 이르는 길은 3도로 되어 있고, 중앙은 어도라 하여 임금만 통행할 수 있었다. 그리고 정전의 뜰에는 정조때부터 사용한 품계석이 놓여 있는데 정1품부터 정9품까지 서쪽에는 무관, 동쪽에는 문관석을 두었다. 그 곳에 도열해 놓인 품계석은 왕의 위엄을 드러내고자 하는 장소적 성격을 분명히 하고 있다.

정전의 진입은, 돈화문, 진선문, 인정문 3문을 지나게 되어 있다. 건축에서 중심공간에 이르는 여러 켜의 과정을 두는 것은 어느 장소에 권위를 부여하기 위한 상투 수법이다. 어느 장소에 접근을 쉽지 않게 함으로써 그 장소가 더욱더 특별한 곳으로 인식되도록 하는 것이다. 특히 위엄을 갖게 하고, 철저한 방호까지를 고려해야 하는 궁궐은 더욱이 그러한 구도가 알맞게 생각되었을 것이다.

금천교를 지나서 선정전에 이르기까지는 하나의 드라마이다. 특히 이 곳 정전의 진입은 다른 곳과 달리 꺾인 축으로 되어 있는데 그로 인해 더욱 더 드라마틱한 느낌을 갖게 한다. 금천(錦川)을 아름다운 무지개 다리 위로 건너는 상큼한 맵시로부터 최고 권위의 장소적 감각을 느낄 수 있다. 진선문을 들어서서 인정전 뜰을 들어서기 전에 행각으로 둘러쳐진 영역이 있는데, 이곳은 신료들이 왕을 알현하기 전 정사를 논의하기 위해 쓰이던 공간이다. 그런데 전실 같은 그 곳을 거쳐 정전으로 들어가게 됨으로써 인정전이 훨씬 엄숙하게 느껴진다. 인정문을 통해 정전 뜰에 들어서면 행각으로 둘러쳐진 너른 월대 위에 단 하나로 놓인 정전이 일체되어 힘을 발산하고 있다. 왕의 위엄을 보이기 위한 절제된 행동양식과 신하들의 정숙한 몸가짐이 치열한 정치의 장인 그 곳 속성과는 달리 마치 선 도량 같은 정제된 분위기마저 띤다.

인정전은 그 자체만으로도 매우 빼어난 균형감을 보이고 있다. 그렇지만 정전의 뜰에 들어서면 인정전의 존재는 필연적으로 월대와의 비례관계로 인식되게 된다. 거기서 상하 월대와 행각, 어도로 짜인 구도는 마음을 졸일 만큼 엄정한 기운을 발하는데 그 엄정한 구도 속에서도 좌측 선정전으로 연결되는 행각이 미묘한 불균형의 흐름을 낳는다. 또한 배경을 이루는 지형과 숲이 인위의 엄숙함과 어

희정당 후면 설경

우러져 감각적 풍요로움을 낳는다.

선정전은 인정전에 비해 건물 규모가 단출하고 영역도 작지만 왕의 일상 집무실다운 위엄과 체취가 더 가까이 느껴진다. 선정문으로부터 연결된 어도를 위해 만든 중앙 천랑은 이곳의 기품을 더한다. 그래서 정전에서 통로를 따라 다가가면 커다란 위엄의 영역으로부터 아담하지만 더 체취가 강한 영역으로의 전환이 감각적으로 느껴진다. 선정전은 건물과 함께 일정한 범주의 외부공간이 하나로 조합된 영역적 구성이 되어 있다. 그 같은 영역의 구획은 주변과 다른 성격을 분명히 하는 수단이다.

왕실의 위엄과 궁궐의 깊이감을 자아내는 내전 영역

내전 영역은 왕과 왕비의 침전을 중심으로 주변에 대비와 세자 등의 거처가 함께 놓여 있다. 그리고 후궁들이 거처하는 시설은 별도 영역으로 구분해 놓았다. 창덕궁의 내전에는 희정당 및 대조전이 반듯하게 갖춰져 있다. 그 두 건물은 각기 독립적으로 너른 마당을 갖고 있으면서 루구조의 통로로 연결되어 있다. 희정당은 1917년 화재 후 1920년에 재건한 것인데 당시 경복궁의 교태전과 강녕전 등이 전각 등을 헐어다 지은 것으로 그 이전보다 규모가 커지게 되었다.

대조전 일곽은 몇 겹으로 둘러쳐진 뜰을 지나야 당도하게 된다. 중전은 원래 구중궁궐, 궁궐의 가운데라는 뜻인데 그것이 왕비를 일컫는 말로 되었다. 왕의 영역이 드러남의 영역이라면 중전이 있는 곳은 숨겨진 영역이다. 그래서 그곳을 가면 마치 왕비가 거주하던 그 옛날 그대로일 것 같은 느낌이 든다. 사대부가 집안일을 신경 쓰지 않아야 군자의 도리라고 생각했듯이 궁궐 내에서도 왕비가 궁중 내부의 모든 일을 통괄했다. 그리고 내명부를 통괄하는 중전은 궁궐 살림의 실질적인 주인이었다.

왕은 나라의 주인으로서 그 위엄이 정전에서 드러난다면, 왕의 부인으로서의 존재는 대조전의 건축에서 느껴진다. 대조전 일곽은 왕비의 처소답게 화려함이 단박에 느껴진다. 희정당과 대조전은 비슷한 형식이지만 대조전이 훨씬 품격 높게 느껴지는데, 그 이유는 대조전 앞의 월대가 놓여 있기 때문이다. 그리고 외부 공간에서 아랫사람들의 밀착하여 시중드는 분위기가 느껴지기 때문이다.

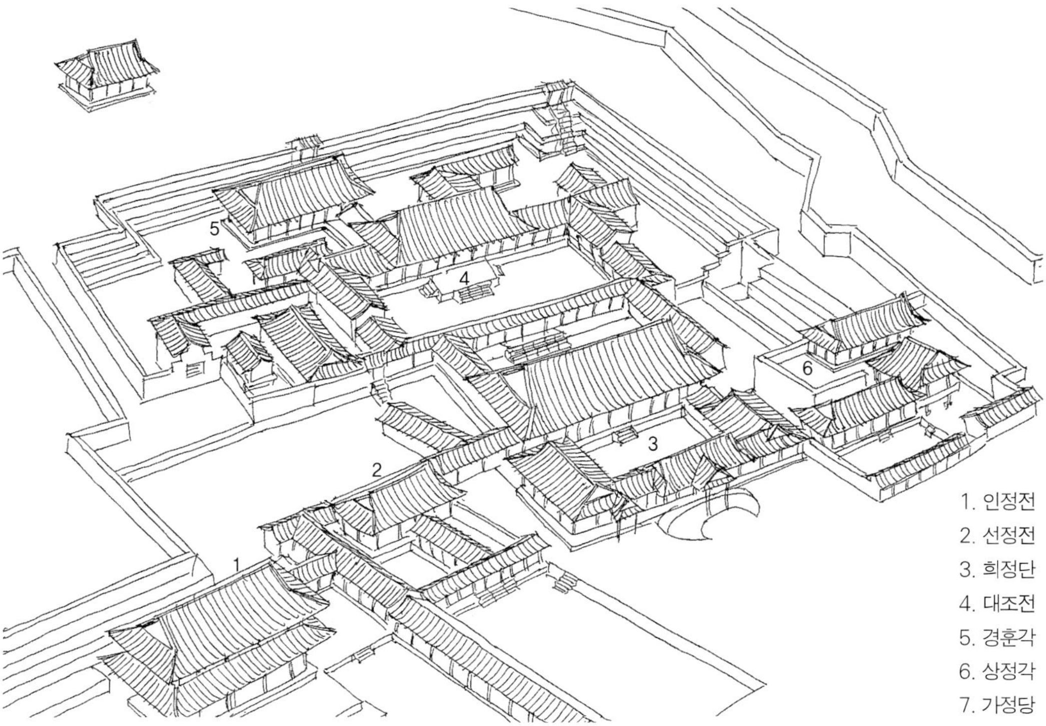

1. 인정전
2. 선정전
3. 희정단
4. 대조전
5. 경훈각
6. 상정각
7. 가정당

대조전 일우

청향각 동측 화계

희정당 정면

대조전 정면

대조전 뒤편에는 융경헌, 함원전, 흥복헌, 청향각이 모두 대조전과 붙어 있고 경훈각은 루 통로로 연결되어 있다. 원래 그 경훈각과 함께 연결되어 있던 2층의 징광루는 1917년 대화재 때 소실되어 사라졌다. 경훈각 뒤 높은 축대와 담장에는 추양문과 천장문이 나 있다. 그리고 추양문 너머 너른 터에 가정당이 놓여 있는데 원래는 대비전인 자정전이 있었던 곳으로 동궐도와 궁궐지에 모두 나와 있지 않은데 1920년대 무렵에 덕수궁의 가정당을 이곳 대조전 후원으로 이건했을 것이라는 추정을 낳고 있다. 그 건물은 후원에 가장 가까이 놓여 있다.

궁궐의 느낌을 다채롭게 하는 궐내 각사 주변 건물군

창덕궁은 전체적으로 볼 때 왕이 직접 거하는 정전이나 편전 그리고 침전 등이 기본적인 골격을 이루고 있고 세자와 대비의 영역이 그 가까이 놓여 있다. 그런데 궁궐은 그 외에도 신하들이 일을 보던 영역이나 왕을 호위하고 궁궐을 지키는 병사들이 머무는 공간들이 부분적으로 결합되어 있으며 선원전 같은 제례 영역도 갖춰져 있다. 신하들이 왕을 가까이서 보좌하며 일을 하는 궐내각사 영역은 왕의 영역과 달리 토지를 효율적으로 사용하면서 짜임새 있는 기능적 결합이 되어 있다. 이곳에는 규장각, 검서청, 책고(서고) 봉모당, 내각, 역대 국왕의 어진을 모신 구선원전과 그 부속시설인 진설청, 왕이 제례를 올리기전 머물던 양지당, 향실, 영의사와 그 별채, 약방과 그 별채, 옥당과 그 별채, 예문관, 그리고 진선문 너머 마당에 면한 정청 등이 군집되어 있다.

구선원전은 역대 국왕의 어진을 모시던 시설이다. 선원전 주변에는 제례시 왕이 잠시 머물기 위한 진설청 등이 마련되어 있다. 양지당은 선원전과 인정전 사이에 있으며 국왕이 선원전에서 제사를 모시기 전에 머물며 재계(齋戒)하던 곳이다. 양지(養志)는 고상한 뜻을 기른다는 뜻이 있다. 양지당은 어재실이라고도 했는데 왕이 쓴 글씨 어필을 궤에 담아 보관하기도 했다.

봉모당은 규장각의 역대 선왕의 유품을 보관하던 전각인데 봉모(奉謨)는 모훈(謨訓)의 자료를 받들어 간직한다는 뜻이고 모훈이란 국왕과 신하가 함께 국사를 논하며 적은 글, 또는 국왕이 백성을 기르고 교화하기 위해 지은 글, 이라는 뜻이다. 영의사는 국왕이 선원전에서 제사를 올리기 전에 머무는 재실(齋室)인데 건물의 이름은 왕이 영원히 의지하며 따른다는 의미이다.

옥당은 홍문관의 별명으로, 홍문관은 사육신 사건으로 말미암아 혁파된 집현전을 대신해 세워진 기관이다. 홍문관 사헌부, 사간원을 묶어 3사라고 부르는데 조선시대 언론기관으로서 기능했다.

궐 내각사 영역 조감

창덕궁 궐 내각사 영역

창덕궁 약방

홍문관은 왕의 자문기구이기도 했으며 장서 학술기관의 위상도 지녔던 조선의 핵심 기관 중 하나였다.

정청은 이조와 병조의 사무용 건물로 썼던 곳이다. 여기에는 사헌부의 대사헌, 병조 당상관, 병방 승지, 사관 등이 참여하여 관리의 전형, 임면, 출척 등 인사에 관한 일을 의논하고 처리하였다. 진선문 안쪽 마당 주변은 호위 군사들이 거처하는 내병조가 있었다. 궐내 각사가 군집된 영역은 궁궐이 왕의 위엄만이 아닌 실용적 기능이 갖춰진 모습으로서 궁궐의 이미지를 다채롭게 한다.

지붕이 첩첩이 이어진 궁궐 안 풍경

지금은 사리지고 없는 옛 모습들

창덕궁의 희정당 앞을 지날 때는 다른 곳에서의 친근한 느낌과 달리 좀 이색적인 느낌이 풍긴다. 승용차에서 직접 내려 안으로 들어갈 수 있게 한 포치 자체가 생경한 인상을 갖게 하기도 하지만 상정각, 희정당과 선정전, 정전이 한꺼번에 길게 펼쳐 보이는 장면은 창덕궁의 본래 인상과는 다른 모습이다. 그리고 창덕궁 전체의 짜여진 공간감과 달리 하나하나 분산된 성격으로 느껴지게 되는데 그것은 희정당과 성정각 앞에 있었던 여러 건물들이 사라진 후 너른 공터가 되어 있기 때문이다. 동궐도와 이전의 창덕궁 배치도를 보면 이 곳에도 많은 건물들을 세워져 있었음을 알 수 있다.

만약 동궐도에 그려진 상황대로라면 겹겹이 중첩된 건물 가운데 놓여 있었기 때문에 지금처럼 여러 건물들이 길게 연속된 입면으로 드러나는 모습은 대할 수 없었다. 창덕궁의 인식은 외관의 장면 장면으로서가 아니라 각기 성격이 다른 장소적 체험의 강도가 훨씬 크다.

원래 희정당과 성정각 앞쪽에는 많은 건물들이 밀집해 있었고 선정전으로 통하는 길과 희정당으로 통하는 길이 구획되어 있었다. 희정당으로 통하는 과정에는 3개의 문이 놓여 있어서 희정당을 들어서려면 협양문과 선화문, 희인문을 통해야 들어갈 수 있게 되어 있었다. 그런데 인정전과 선정전이 남북축선상에 놓이지 못함으로써 왕이 숙장문으로 되돌아나온 다음 신하의 틈을 비집고 가게 되는 의전적인 측면의 문제도 있었다. 그리고 인정전과 낙선재로 가는 길모퉁이에는 비변사의 대신 및 당상관들이 회의를 열었던 빈청이 있었다. 또 빈청에서 북쪽으로 가는 길에 연영문이 있었으며 채소와 생선 등을 관리하던 공상청, 사옹원의 다른 이름으로 음식 및 그릇 등의 공급을 맡아보던 주원, 화살촉을 만드는 일을 관장하던 궁방, 궁중의 등불과 촛불을 관장하던 등촉방, 내시부, 수라간에 속한 곳간 등이 있었다.

희정당 우측에 있는 성정각은 세자가 공부하던 장소였다. 그리고 성정각 우측 지금의 공터에는 세자의 처소인 중희당과 그에 부속된 삼삼와 연영합 등이 차례로 있었다. 그런데 중희당이 고종 때 헐려 나가면서 휑한 공터로 남게 되었다. 일명 세자궁이라 불리던 중희당은 정면 9칸 측면 3칸의 큰 규모에 너른 마당을 행각으로 둘러치고 있어서 매우 격조 높게 되어 있었다. 그리고 역사적으로도 중요한 자취를 띠고 있었는데 순조의 아들 효명세자가 순조의 명으로 대리청정을 하던 곳이기도 하다. 그러나 효종은 대리청정 3년만인 스물두 살의 나이로 세상을 떠나고 말았다. 헌종은 이곳 중희당에서 자주 신하들을 만났다.

그 중희당은 철거되고 없지만 그 시설의 위치를 확인할 수 있는 시설이 일부는 남아 있다. 중희당 우측에 놓인 칠분서 삼삼와 승화루가 그것으로 중희당의 부속 시설로 쓰였다. 칠분서는 월랑이고 삼삼와는 정자이며 소 주합루로도 불리는 승화루는 규장각과 비슷하게 쓰였다. 그리고 역시 중희당 부속 시설로 중희당 동측에 있던 연영합은 세자가 쓰던 건물인데 순조 30년에 철거되었고 후일 그 자리에 지금의 낙선재, 석복헌, 수강재 등이 지어졌다.

낙선재 후면 언덕 위에 있던 건물은 세자 처소인데 정조 재위 시에는 편전으로 자주 이용했다. 이처럼 희정당 앞쪽과 우측 아래쪽에는 많은 시설들이 들어서 있어서 지금처럼 포치에 차로 당도하는 이국적인 느낌은 찾아 볼 수 없었다. 그러한 시설들이 모두 갖춰져 있던 때에는 그야말로 구중궁궐의 깊이감이 느껴졌을 것이다.

언덕과 어우러진 낙선재 영역

궁궐에는 왕비 말고도 필요에 따라 후궁들이 살 공간이 필요했다. 낙선재는 1847년 24대 헌종이 후궁인 경빈김씨를 위해 석복헌을 지을 때 자신의 사랑채로 지은 건물이다. 헌종은 간택과정에서 김씨에게 마음이 있었으나 궁궐 법도에 의해 대비가 간택한 여인을 왕비로 맞이할 수밖에 없었다. 헌종의 정비였던 효헌 왕후가 세상을 떠나 계비를 맞을 때 3간택을 했는데, 이 때 삼간택에서 낙선한 두 명 중 한 명이 경빈김씨였다. 그러나 마음에 두고 있던 경빈을 잊지 못하다 마침내 후궁으로 맞이한

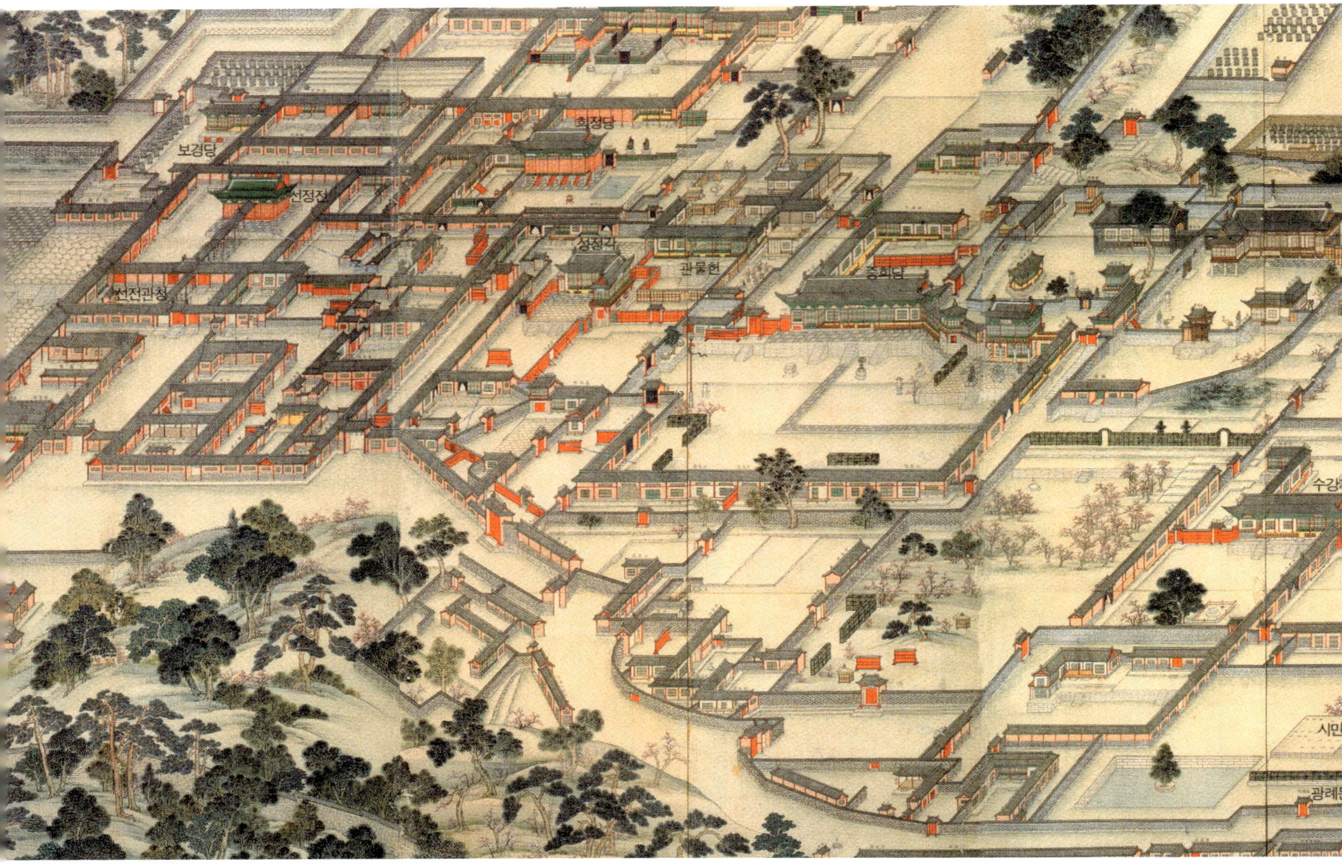

동궐도

중희당 터와 희정당 전면의 봄

창덕궁 숙장문에서 본 선정전 일우

칠분서 삼삼와 승화루의 봄

칠분서의 외관

중희당 터

홍매화

것이다. 헌종은 김씨를 아꼈고 이곳으로 자주 발길을 옮겼다. 그리고 이곳에서 후사 없이 승하했다. 이 건물은 단청이 되어 있지 않아서 대조전과 비교하면 초라해 보일 테지만 궁궐내 시설로서 격식 있으면서도 민간 건축 같은 편안함이 있다. 그리고 왕의 애정이 깃든 탓인지 창살이나 난간 등 모든 면에서 섬세하고 격조 높은 솜씨가 발휘되어 있다.

이곳은 원래 창경궁 영역에 속한 곳이었는데, 조선왕조의 마지막 가족이던 이방자 여사와 덕혜옹주가 63년 귀국하여 1989년에 타계할 때까지 거처할 수 있도록 당시 일반인 개방이 안 되는 창덕궁 영역으로 구분해 놓았다. 낙선재 동측에 놓인 석복헌은 경빈김씨의 거처로 지은 건물인데 헌종이 사랑채로 쓰던 낙선재와 사대부가의 안채와 사랑채의 관계로 구성되어 마치 별도의 살림을 차린 것처럼 보인다. 김씨는 왕비와 같은 지위는 포기해야 했지만 그 대신 여염집 같은 가옥에서 왕의 사랑을 느끼며 지낼 수 있었을 것이다.

석복헌 우측으로는 수강재가 있다. 석복헌, 수강재는 원래 연영현 등이 있던 자리에 새로 연이어 지어졌는데 석복헌은 행랑이 있고 수강재는 취운정이 있는 지형의 흐름대로 터가 앞뒤로 좁혀지게 되어, 행랑이 있는 석복한 안마당 폭과 행랑이 없는 수강재의 마당폭이 비슷하게 되어 있다. 그리고 우측 두 개의 긴 건물은 수강재 별채이며 수강재 앞 너른 정원 가운데는 그에 딸린 정자인 사각당이 있다.

낙선재 뒤 언덕에는 서측으로부터 한 몸체로 연결되어 있는 칠분서 삼삼와 승화루가 놓여 잇고 그 동쪽으로 산량정과 그 별채, 한정당 취운정이 놓여 있다. 낙선재에서 올려다 보이는 상량정은 조망과 휴식을 할 수 있는 정지인제 원래 이름이 평원루였다. 거기서 상량정 마당과 승화루 후원을 연결하는 경계에 만월문과 꽃담이 있는데 중국풍의 인상이 느껴진다.

그 동측에 놓인 한정당과 취운정은 각기 독립적으로 담장으로 둘러쳐 있어 한가로운 분위기로 되어 있는데 한정당은 일제 강점기에 지어진 것으로 유리창이 되어 있다. 그리고 취운정은 숙종 12년에 세워져 동궐도에도 나타나 있어 이 일대 건물 중 가장 오래 된 것이다.

낙선재 일곽은 지형을 계단식으로 다듬어 터를 닦고 건물을 세워놓았는데 전체가 성격이 다른 여러 시설들이 언덕 위아래로 어우러져 있어 입체적인 조형감과 조망을 할 수 있게 되어 있다. 그 언덕은 온통 잔디로 덮여 있는데 언뜻언뜻 서 있는 나무 사이로 굴뚝과 지붕이 한가롭게 어우러져 보인다. 하지만 그곳에 화단과 마당 등에 장식해 놓은 괴석과 담장에 원형으로 문을 낸 만월문 등에서는 중국풍의 이국적인 느낌도 베어난다.

낙선재 주변 영역은 창덕궁내에서 개방되지 않는 몇 곳 중 하나이다. 과거 출입이 어려웠던 반도지 옥류천 등이 다 개방된 상황에서도 출입을 제한하고 있어서 올려다 볼 수 있을 뿐 들어갈 수는 없어서 아주 궁금증을 자아내는 곳이다. 낙선재 후면의 정원은 후원 영역이 아니면서도 오밀조밀하고 입체적인 정원이 운치 있게 꾸며져 있어서 창덕궁 내의 가장 아름다운 장소 중 하나로 꼽히고 있다.

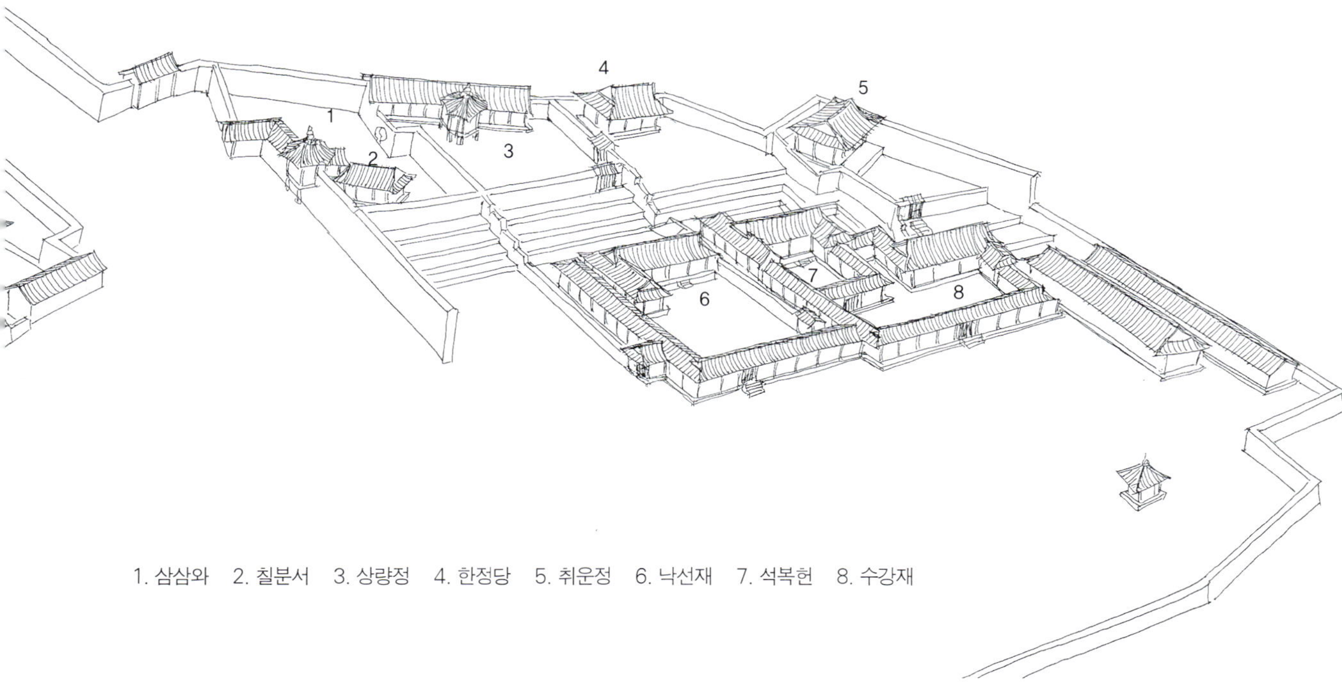

1. 삼삼와　2. 칠분서　3. 상량정　4. 한정당　5. 취운정　6. 낙선재　7. 석복헌　8. 수강재

낙선재 일우

낙선재

석복헌 뒷마당에서 올려다본 한정당과 상량정

별천지 후원

왕이라는 신분이 날 때부터 특별한 존재로 보여지고 그것을 스스로 감당해야 하는 삶이기에 그의 활동에는 항상 의전과 경호상의 문제가 따라 다녔기에 혼자 마음대로 쉴 수 있는 편한 공간이 되기 어려웠다. 그러나 왕도 모든 국가 대사를 잊고 망중한을 즐기고 싶을 때가 있었을 것이다. 그래서 궁궐의 일곽에는 부속 정원이 꾸며졌지만 여기처럼 너르고 호젓한 산책길을 갖춘 곳은 없다. 그리고 창덕궁의 후원으로 가는 길은 정치의 격무로부터 벗어나는 홀가분한 발걸음이었을 것이다.

후원으로 가는 길은 아름답다. 그 때의 발걸음은 자연의 품을 찾아드는 홀가분한 여정의 느낌이 든다. 산굽이를 넘으며 자연스레 굽은 길이 느린 발걸음이 되게 하며 주변 정취에 흠뻑 베이게 한다. 그곳은 낮은 산자락과 봉우리들이 잔잔하게 구비를 이루고 있고 그 사이로 흐르는 물길로 연못이 이루어져 있다. 한동안 접근을 금기시한 곳이기 때문일까, 후원은 외부 세계 사람들로서는 예기치 않은 원초적 생명력을 갖추고 있다. 후원은 소쇄원과 함께 한국정원을 대표하는 곳이다. 그러나 한국정원

부용지 스케치

부용지 주변의 봄

영화당에서 내려다본 부용지

의 멋이 소쇄원처럼 인위가 두드러지지 않는 자연스러움의 표출 때문이라고 여겨온 마음에는 과연 화려한 궁궐속에서 그러한 한국정원의 멋을 느낄 수 있을지 의문을 갖게 될 것이다.

그러나 후원은 그것이 단지 기우일 뿐이라고 말하듯이 차분한 자연의 정취를 느낄 수 있다. 조건은 다르지만 자연과 인공의 요소들이 어우러져 아늑한 정취를 발하는 것은 소쇄원과 일맥상통한다. 소쇄원과의 가장 큰 차이는 그곳 건물들에 가해진 화려함이다. 그런데 정자건축만을 놓고 볼 때, 그것은 그 건물 자체의 멋보다 어느 장소 전체의 정취를 음미하기 위한 자리 잡음에 의의가 있다. 그래서 이곳 정자들도 마찬가지로 자신의 몸치장 때문에 자연을 크게 거슬러 보이지 않으며, 그 느낌은 궁궐이라는 장소성이 반영된 특색을 띠는 것이라고 할 수 있다. 창덕궁 후원의 빼어난 감각은 입지를 바탕으로 이루어져 있다. 자연 풍광과 건물이 함께 자연스러우면서도 격조 높게 어우러져 있다.

부용지 주변

후원을 들어서면 맨 먼저 부용지와 그 주위에 세워진 건물들이 보인다. 넉넉한 공간에 제법 너른 연못 가운데 섬을 하나 갖고 있는 부용지 주변은 후원의 가장 앞쪽에 놓여 내전과의 관계가 긴밀한 위치이다. 그리고 그 곳은 왕의 일상 업무를 곁들여 쉴 수 있는 장소인데 평온하면서도 활달한 기운이 느껴진다. 부용지 앞뒤좌우로 규장각을 쓰인 주합루, 영화당 등이 들어서 있어 휴식과 학문, 정사가 함께 이루어지는 공간이다. 이곳을 감싸는 지형은 비교적 큰 고저차를 이루고 있어 입체감이 느껴지는데 부용지는 그 장소를 꼭 채우고 있을 만큼 너르게 되어 있어서 이곳에 들어서면 먼저 그 고요한 연못의 정취로 인해 휴식의 감흥을 불러일으킨다. 그리고 사방에 놓인 건물들은 각각의 입지에 알맞게 세워져 서로서로의 경관이 되고 있다. 부용정은 아(亞)자 평면을 하여 복잡하면서도 유려한 맵시가 있는데 부용지에 탁족하듯 두 기둥을 내려뻗고 있는 모습이 더욱 천연덕스럽다.

연경당과 기오헌, 애련지 주변

주합루를 감싼 능선 뒤쪽에 있는 기오헌, 애련정, 연경당 일원은 전체적으로 앞뒤 산자락 사이에 한 영역으로 조성되어 있는데, 야트막한 산세에 감싸인 평평한 터가 매우 평온한 분위기를 띠고 있

연경당 설경

연경당 일우 스케치

애련정과 애련지

다. 그리고 부용지 주변보다 좀 더 사적인 휴식처로서의 장소성을 띤다. 그곳에 있는 연경당과 기오헌, 운경거 등의 건물들은 왕이 선비들의 삶을 체험할 수 있게 민간 건물처럼 지어놓았는데 단청을 하지 않아서 외관은 소박하지만 건축적 가품과 단아한 멋을 풍기고 있다. 또한 그곳에는 코고 작은 몇 개의 연못이 조성되어 있는데 연경당 앞의 연못은 연경당의 사적 영역에 속하고 별도로 떨어진 애련지와 애련정 주변은 기오헌 등 그 일대의 모든 건물에서 이용하는 공통의 정원 시설이다. 그리고 불로문은 전체의 대문과 같은 곳이다.

반도지 주변

반도지는 긴 계곡의 끝자락 지점에 표주박처럼 넓혀진 형상대로 연못을 조성해 놓은 연못으로 그 주변에 지어 놓은 관람정, 존덕정, 승재정 등의 정자들은 느리고 완만하게 펼쳐진 구릉과 연못 사

반도지 일원 스케치

부용지

반도지와 관람정의 가을

이에 적절히 놓여 있다. 연경당의 농수정과 승재정은 산 능성이 이쪽저쪽에 자리잡고 있으면서 각기 다른 풍광을 바라보는 모습이고 존덕정은 좀 더 가까이 물가에 다가가 쉴 수 있게 마련되어 있다. 그리고 가장 낮은 위치에 있는 관람정은 수면에 바짝 다가가 연못에 교각을 걸친 채 앉아 있는데 그 평면은 부채꼴로 되어 건물 외벽이 원활하게 연못과 접하게 해 놓았다.

반도지의 건물들은 연경당과 기오헌 시설들의 별서적 성격으로 되어 있다. 그 중 관람정은 그 정취를 홀로 다 누리듯 반도지와 어우러지며 선경을 자아내고 있다. 평면이 부채 모양처럼 되어 특이한데, 유려한 반도지의 윤곽선 및 지형과 좋은 조화를 이루고 있다.

옥류천 주변

옥류천 영역은 반도지로부터 더 깊은 반도지 북쪽 언덕 너머의 지형에 감싸여 있다. 그곳은 매봉으로부터 굽이굽이 갈래를 이루며 뻗친 산자락 사이의 계곡 지점인데 내전으로부터 멀리 벗어나 자연 속에 파묻힌 듯한 장소여서 세상일을 모두 잊고 여유롭게 쉴 수 있는 분위기이다. 이곳은 서북측의 취규정이 앉아 있는 능선이 크게 휘감고 있는 산세와 지금의 성균관대학이 앉은 능선이 마치 양팔로 감싸 안듯이 되어 있는 가운데 기암괴석 옆으로 흐르는 개울과 준수하게 생긴 바위가 운치 있게 어우러진 곳이다. 옥류천 영역은 그러한 자연 입지를 바탕으로 인공의 손길을 최소화 하면서 각각의 장소에 알맞은 몇 채의 정자와 화단 등을 자연스럽게 어우러지도록 꾸며 놓아서 한적한 운치가 돋아난다.

이곳의 전체적인 배치도 소쇄원처럼 자연 안에 동화되도록 되어 있다. 소요암 옆 개울에 면한 소요정 이름처럼 자유로운 산책길이 순환되도록 연결되어 있고 한가롭게 이리저리 거닐다 가까운 정자에 올라 쉴 수 있게 조성되어 있다. 그리고 옥류천이 태극을 그리듯 에둘러 휘돌아가고 야트막한 산자락이 감싸 안고 있다. 그리고 건물들은 지형지세에 따라 편안하게 안겨진 모습인데 그 곳에 놓인 정자들은 서로서로의 풍광이 된다. 이곳의 정자들은 가느다란 부재들을 섬세하고 정교하게 가공하여 건축적 맵시와 기품이 풍겨난다. 옥류천은 창덕궁 내에서 가장 맑았던 곳인데 지금은 후면에 성균관 대학 등 건물이 들어서서 물이 많이 줄게 되었다. 그렇지만 그곳에 있는 어정은 지금도 후원 영역에서 가장 맑은 물이다. 창덕궁을 조영할 당시 이 장소를 물색한 사람들은 이곳을 무릉도원의 해석했을 것

옥류천 일원 스케치

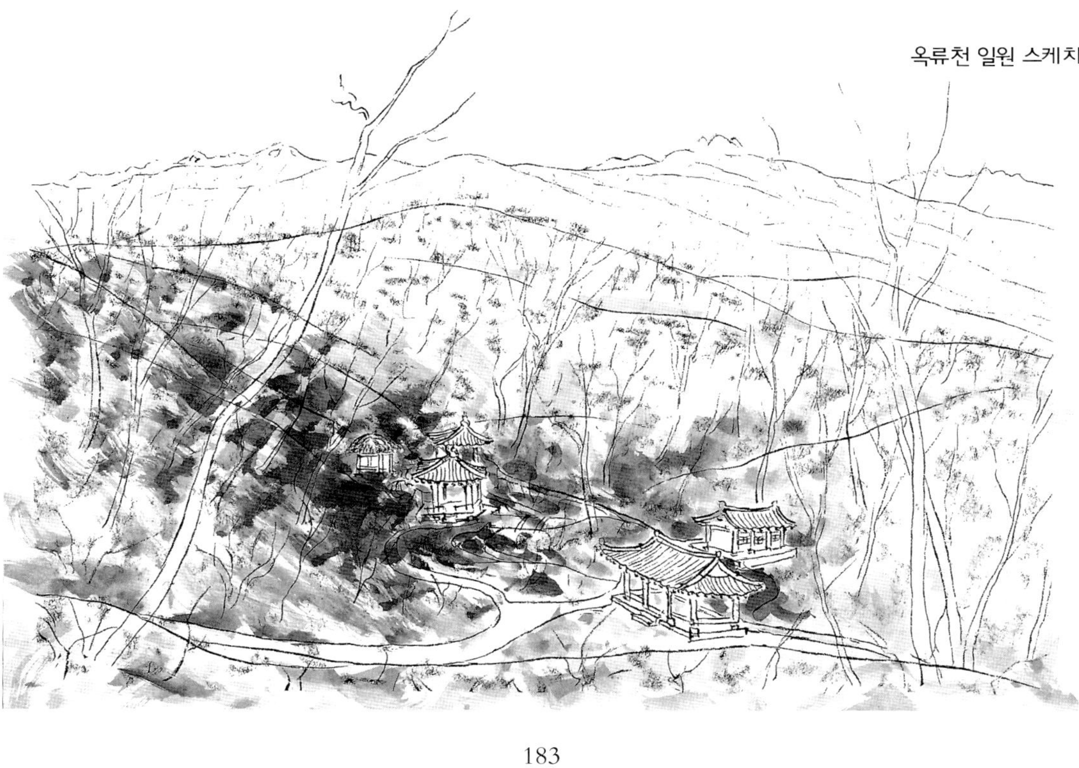

소요암과 소요정

같다. 봄철에는 옥류천을 감싸는 산기슭에 복사꽃이 화사하게 피어 그 느낌을 실감케 된다. 무릉도원은 도연명이 이상향을 읊은 시에 그려진 광경을 형상화한 것으로 한눈에 전체가 다 바라보이는 것이 아니라 점차 이동하면서 새로운 경치와 만나게 되어 있는데 여기서도 안으로 들어갈수록 산자락에 가려진 그 안쪽의 경치가 조금씩 드러난다.

옥류천의 가을은 아기자기한 지형에 형형색색 수를 놓는 단풍과 수려한 정자들이 어우러져 활홀경을 자아낸다. 그리고 신록이 막 피어나는 이른 봄에는 충만한 생명력과 신록의 갖가지 빛깔이 어우러진 아름다움을 느끼게 된다. 신록의 계절 봄은 푸르름을 상징하지만 봄에 피어나는 잎새에도 갖가지 빛깔이 있다. 갈참나무, 떡갈나무 등에서 피어나는 신록의 생명력과 붉은 진달래꽃, 노란 애기똥풀 등과 선홍빛 갈색을 띠는 단풍잎 등 갖가지 빛깔들이 영롱하게 어우러진 수를 놓고 파란 하늘, 새소리, 물소리, 바람소리, 향나무의 진한 녹색, 흙길의 황토빛깔이 어우러진다. 그리고 물길이 자연스런 태극처럼 휘돌아가는 곳곳에 나지막하고 아담한 한 칸 정자들의 모습이 어우러져 있다.

궁궐의 건축적 기품과 자연 정취가 어우러진 곳

경복궁은 조선왕조의 정궁이므로 기본 궁제를 엄격히 지켜서 조영되었다. 건물을 남향으로 하여 남북 일직선 축에 남문, 중문, 정전, 편전, 침전을 배치하였고 궁궐 외곽을 담으로 높게 축조하고 동서남북에 사대문을 설치했다. 그러나 그처럼 경복궁을 지을 때 왕경의 법식을 도입하는 것은 그 자체가 형식에 얽매여 개성을 갖기 어려울 수 있었다. 도식에 충실하다 보면 중국의 궁궐이나 한국의 궁궐이 차이가 없어 보일 수 있다.

그런데 창덕궁은 다르다. 자연지형의 영향이 작용되어 있어서 그러한 틀로부터 자유롭게 되었다. 창덕궁은 각각의 성격이 다른 영역들이 연결되어 있는데 평지에 그렇게 나열되어 있으면 건조한 느낌이 들었을 것이다. 그러나 여기서는 건축의 배치가 자유롭게 지형을 기대어 펼쳐진 가운데 자연의 힘이 잘 발휘되고 있다. 어떤 곳은 통로를 따라, 어떤 곳은 언덕을 넘어 어느 새로운 느낌의 장소에 도달하게 되어 있다. 창덕궁은 처음부터 이궁으로 지어 도식적인 궁제를 엄격히 지킬 생각도 아니었고 경복궁보다 더 크게 하려는 생각도 아니었기 때문에 훨씬 편안한 출발을 할 수 있었다. 장소의 흐름이 이어지는 가운데 전체적으로 인위의 축에 강제되지 않고 조금씩 중심으로부터 이탈되며 자연과 조화된 분위기를 느낄 수 있다. 그래서 입구로부터 들어갈 때 건너는 휘어진 다리 하나의 느낌도 잘 드러나지 않게 효과를 발하고 있다. 궁궐로서 장대하고 화려한 기품을 갖추고 있으면서도, 자연의 힘은 변질되지 않고 본래의 힘을 잘 발하고 있다. 그리고 서울 전체로 보면 빌딩 숲에 포위되어 있는 삭막한 여건이지만, 여기서는 아직도 살아 있는 숲 냄새를 맡을 수 있다.

조선은 개창부터 임진왜란이 일어나기 전까지는 경복궁을 주로 썼고 임진왜란 이후 270여 년간은 창덕궁을 주로 썼다. 그러다 고종 때 조선왕조의 정통성을 바로 세우겠다고 표명한 흥선대원군이 경복궁을 복원한 후 왕의 거처를 옮기면서 창덕궁 통치시대가 막을 내렸다. 예측할 수 없었지만 그것이 창덕궁으로서는 다행히 망국의 한을 직접 당하지 않고 훼손이 덜한 결과를 낳았다. 그 후 경복궁이 총독부 건물을 짓고 물산장려회를 여는 치욕을 당하던 시기에도 창덕궁은 궁궐로서 최소한의 기품을 유지할 수 있었다. 그래서 이곳에 있는 외조, 치조, 연조, 원위 공간을 거닐다 보면, 대신들의 조아림이 보일 듯하고, 임금의 움직임이 느껴지기만 하면 금세 다가왔을 시종들의 발자욱 소리가 어디선가 들릴 듯하다.

나는 무량수전 배흘림 기둥에 기대어서서 사무치는 고마움으로 이 아름다움의 뜻을 몇 번이고 자문자답했다. 무량수전은 고려 중기의 건축이지만 우리 민족이 보존해온 목조건축 중에서는 가장 아름답고 가장 오래된 건물임이 틀림없다. 기둥높이와 굵기, 사뿐히 고개를 든 지붕추녀의 곡선과 그 기둥이 주는 조화, 간결하면서도 역학적이며 문창살 하나 문지방 하나에도 나타나 있는 비례의 상쾌함이 이를 데 없다.

- 최순우(전국립박물관장) -

부석사 무량수전 배흘림 기둥에 기대 서서

부석사 浮石寺

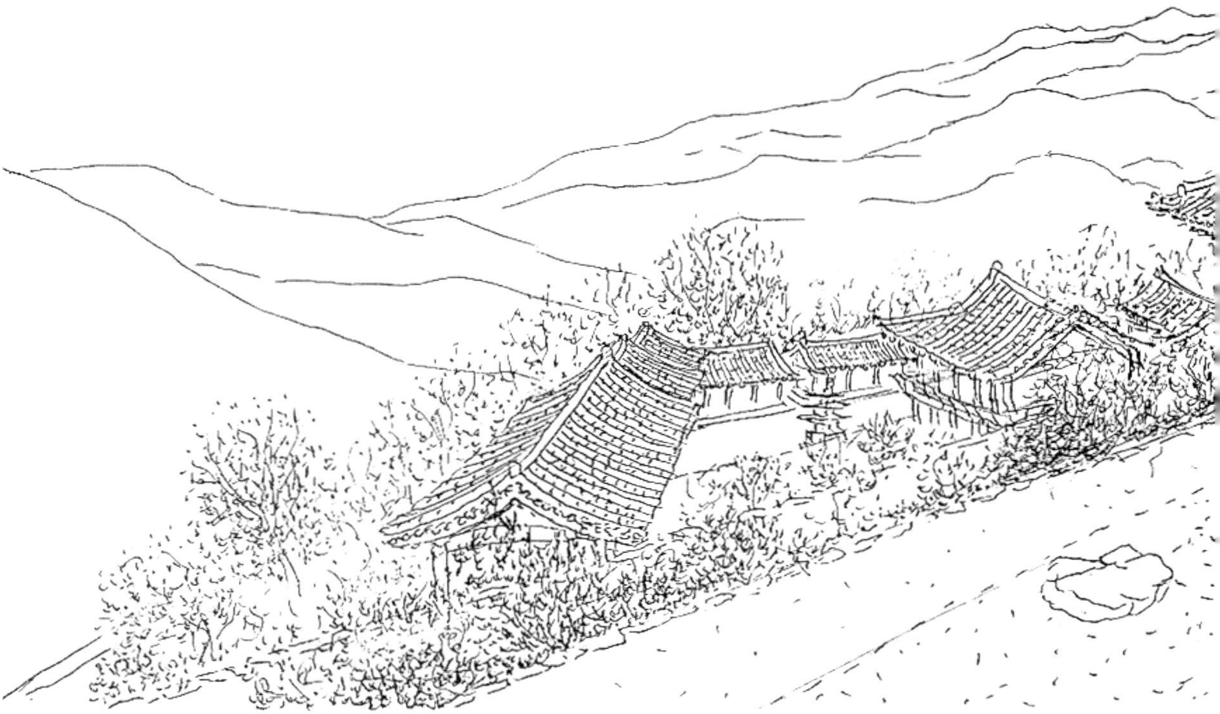

양백지간에 놓인 깊이감

부석사가 위치한 이 곳은 태백산과 소백산의 사이라 하여 양백지간이라고 불리운다. 백두산으로부터 뻗쳐 내려온 백두대간 줄기가 태백산에 이르러 호흡을 가다듬은 후, 방향을 틀어 소백산 쪽으로 내닫기 시작하는 곳이다. 이 곳은 지형조건상 강원도의 깊은 산중과 지형 흐름이 같은 곳으로 그 큰 산세의 응축됨이 수도 도량으로서의 깊이감을 낳는다. 부석사가 등을 기대고 있는 백두대간만 넘으면 우리나라에서 가장 깊은 고을인 정선과 평창이 나온다. 거기서부터 오대산 설악산까지 계속해서 험한 산악으로 이어지기 때문에 아직까지도 깊은 자연환경 그대로인 속에 살아가는 느낌이 드는 곳이다. 또 동해쪽으로 조금만 올라가면 봉화가 있는데, 역시 산으로 둘러싸인 그곳에서 소득될 것이라고

는 산나물과 임산물뿐이었다. 그러다 근대화 이후 광산이 들어서면서 특별한 삶의 정경을 이루었다. 정착민도 먹을 게 없어서 이 일을 시작했고, 일거리를 찾아 떠돌다 머문 사람들이 모여 이룬 새 삶터는 열악한 환경에서의 거친 노동과 술, 가난만을 남긴 채 폐광으로 남아 있어서 힘겹던 시절 이 땅의 궁한 살림살이의 애환이 옛 기억 속에 떠오르는 곳이다.

필자는 지금도 그 부석사를 가려 할 때면 먼 여행을 떠나는 기분으로 마음을 갖추게 된다. 도상거리는 가까우면서도 깊은 산지이기 때문이다. 하기야 이곳 부근에 있는 죽령은 조령과 함께 그 옛날 삼국시대에 신라로부터 고구려 땅으로 넘을 수 있는 유일한 통로였다. 지금이야 자동차를 이용하니 산의 깊이감이 흐릿해졌지만 조선시대로 와서 과거를 보기 위해 넘을 때까지도 짐승 때문에 목숨을 건 위험도 따르는 길이었다. 그러나 지금은 풍기 등 인근 고을이 도시가 되어 날로 번창하고 있으니 그 깊이감을 잘 느낄 수 없다.

부석

조사당

선묘각

새로 조성된 금강문

부석사는 전국 사찰 가운데 가장 인기 있는 사찰일 것이다. 그렇게 된 이유는 무량수전이 한국 전통건축 가운데 가장 오래되고 아름다운 건물로 여겨져 왔기 때문이다. 그 후 봉정사 극락전이 조금 더 오래된 건물로 다시 밝혀졌지만, 무량수전에 대한 명성에 조금도 누가 되지는 않았다. 그리고 이곳에서 안양루와 무량수전이 겹쳐 보이는 모습은 한국전통미를 대표하여 왔다. 그리고 이곳에는 속세의 여인과 출가한 스님과의 이루어질 수 없는 사랑 이야기가 전해 내려오고 있다.

선묘에 얽힌 설화가 그것이다. 당나라에 유학한 의상이 머물던 곳에 선묘라는 낭자가 살고 있었는데 의상을 짝사랑했다. 결국 사랑은 이루지 못했지만 선묘는 의상을 지켜 줄 결심으로 용이 되어 호위해 따라왔고, 의상이 부석사를 창건할 때 방해하는 무리들을 넓직한 바윗돌을 날리는 이적을 일으켜 물리쳐서 불사(佛事)를 도왔다는 이야기이다. 그래서 부석사는 깊숙한 산지 조건과 화엄종찰의 의의, 우리나라 불교사의 최고 고승을 사랑했던 여인의 이야기에 의해 더욱더 신비롭게 다가오는 곳이다.

신라시대 대축단 위에 근래 조성된 금강문 일우

측면에서 바라본 부석사 진입 축선의 건물들

부석사의 창건과 변천과정

부석사는 의상 대사가 중국 유학을 다녀온 후 그 곳에서 익힌 화엄종의 종찰로 세운 절로 알려져 있다. 하지만 부석사의 창건에 관한 역사적 기록물은 삼국사기와 삼국 유사에 간략히 나타날 뿐 제세한 기록은 거의 남아 있지 않다. 다만, 비석에 새겨진 몇몇 글자나 중창및 보수의 기록 등만이 자세히 전해올 뿐이다.

'삼국사기' 에는 "고승 의상이 임금의 뜻을 받들어 부석사를 창건했다."는 내용이 전하며 '삼국유사' 에는 "의상이 태백산에 가서 조정의 뜻을 받들어 부석사를 세우고 대승교(대승불교)를 포교하니 영감이 많이 나타났다."고 전한다. 그리하여 신라 문무왕 16년(676) 2월에 의상대사가 문무왕이 뜻을 받들어 창건한 것으로 알려지고 있으나 의상이 제자들을 거느리고 소백산이나 태백산 등지에 초가를 짓고 불경을 강의하거나 토굴에서 화엄세계의 심오한 뜻을 닦았다는 기록 등에 비춰볼 때 초창기는 오늘날과 같은 대규모 사찰이 아니었을 것으로 보여진다. 부석사는 의상 이후 제자인 신림이 주석한 시기부터 차츰 확장 되었다. 신림은 훌륭한 제자를 많이 배출하며 화엄종을 크게 중흥시켰는데 경문왕 무렵에 부석사의 기본 구조라고 할 수 있는 대석단, 석등, 석탑 등이 건립되었다. 무엇보다도 경문왕때(861 874)에 만들어진 석등(국보 제 17호)이 그러한 사실을 뒷받침한다. 그런데 신림 당시에 그처럼 대규모 불사를 할 수 있었던 것은 왕의 초상을 모시는 등 왕실과 긴밀한 관계로 국가로부터 많은 지원을 받았기 때문으로 보인다. 신라를 멸망시키고자 했던 궁예가 이곳에 이르러 벽화로 그려진 신라왕의 초상을 칼로 내리쳤다는 일화가 그것을 뒷받침한다.

고려시대에는 원융 대덕이 주지로 있으면서 대장경을 인쇄하였고 그 일부를 부석사와 안국사에 봉안하였는데 지금 부석사에 남아 있는 화엄경판은 그 때 이루어진 것으로 보인다. 또한 그 후 고려시대 말까지 많은 건물들이 중창되거나 창건되었다

조선시대에는 부석사를 중수한 기록이 자주 발견된다. 조선 성종 21년(1490)에 조사당을 중수하였고 명종 10년(1555)에 화재로 인해 안양루가 소실되어 선조 9년(1596)부터 11년까지 석린 스님이 그를 중건하였다. 영조 22년 (1746)에 화재로 승당, 만월당, 서별실, 만세루, 범종각 등이 소실되었으나 그 이듬해에 중수하였고 영조 44년(1765)에는 무량수전 본존불의 금색을 다시 했다.

1967년에 부석사의 동쪽 옛 절터에서 쌍탑을 옮겨 범종각 앞에 세웠고 1969년에는 무량수전 기와를 갈았으며 1977년부터 1980년에 걸쳐 전체적으로 정화하면서 일주문, 천왕문, 승당 등을 신축하였다.

무량수전 스케치

무량수전 내부의 아미타불

무량수전 뒷산에서 내려다본 부석사 전경

부석사는 무량수전에 이르는 중심 축선 좌우로 도열한 듯한 배치의 인상이 매우 강하였으나 최근에는 여기 저기 새로운 건물들이 들어서면서 조금씩 변화해가는 느낌이 든다. 현재 금강문 영역의 공사가 진행중이고 요사체 등도 수리를 하고 있다. 금강문의 설치는 범종루 앞 영역에 닫힌 느낌을 들게 하고 긴 진입축의 인상을 변화시키고 있다. 그리고 좌측의 선원영역과 우측의 '부석사성보박물관'이 새로 조성되었는데 그로써 종적인 구조를 갖고 있는 부석사는 근래 새로 횡으로 확장되어가는 모습이다.

부석사의 불교사적 의의

부석사는 특별한 장소와 준수한 건축이 어우러진 기품이나 불교의 수행처로서 우리나라 사찰의 대명사처럼 인식되어 있다. 그 뿐 아니라 화엄종찰(華嚴宗刹)로서 한국 불교사에서 커다란 상징성을

안양루와 겹쳐보이는 무량수전

안양루 뒤로 보이는 무량수전

무량수전 앞마당과 석등

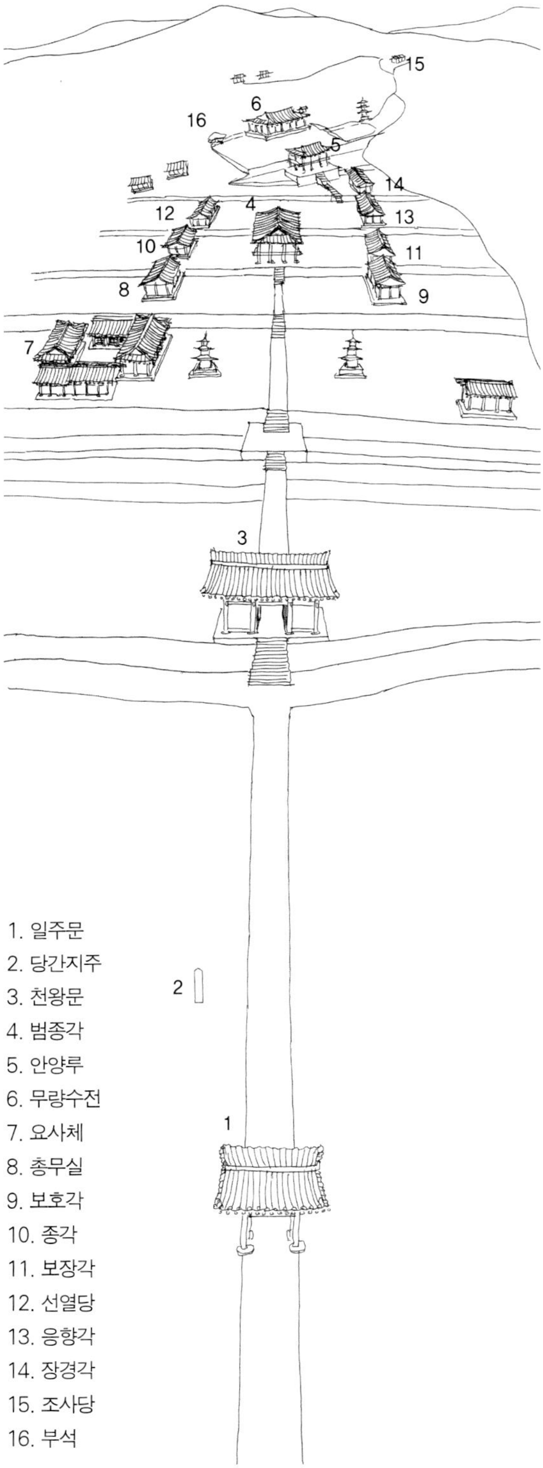

갖고 있다. 의상이 중국에 유학하여 화엄학을 익히고 귀국한 후 국가의 호응을 받으며 중심 교리로 자리 잡았는데 그가 처음 주석하며 화엄학을 전파한 곳이 바로 이곳이기 때문이다.

의상은 원효와 더불어 한국 불교사에서 가장 크게 알려진 인물이다. 원효는 세계가 인정하는 위대한 불교 사상가이고 의상은 당시 새로운 불교 이념을 전파하면서 불교계의 종조(宗祖)의 위치가 되어 낙산사 창건 설화 등 수많은 전설을 낳은 인물이다. 그래서 한국의 사찰 가운데는 그 두 사람에 의해 창건되었다고 전하는 기록이 가장 많다.

그 후 의상과 그 계승자들에 의해서 여러 사찰이 창건되면서 화엄종 세력은 차차 전국적으로 확대되어 갔다. 그리하여 신라 하대(下代)에는 전국의 여러 곳에 화엄종 사찰이 건립되자 화엄십찰(華嚴十刹)이 등장하게 되었다. 그가 전파한 화엄종은 특히 국가 이데올로기로 자리잡으면서 확고해지게 되었는데, 그처럼 된 데는 그 교리를 통치자의 입장에서 유리하게 받아들였기 때문이다. 즉 우주만물이 불법(佛法) 안에서 질서와 조화를 이룬다는 의미를 당시 삼국통일을 이루는 시점에서, 통치자의 지배하에 모든 백성이 한데 어우러 살아가자는 통합의 논리로 삼아 패망한 나라의 백성들을 아우르고자 하는 의도가 작용했던 것으로 보고 있다.

축을 따라 고조되는 종교적 정서와 자연지형의 적응

부석사는 비탈진 산 지형에 고저차를 두며 터를 닦아 건물을 앉히는 방법으로 조성되어 있다. 그러한 부석사 전체의 조영 목표는 종교적 체험의 강도를 최대한 크게 느낄 수 있게 하는 데 있다. 즉 단계적 위치의 상승을 불교 세계관에 따른 종교적 의미와 결합해 놓음으로써 경배 대상에 대한 경외감과 경건한 정서가 감각적으로 고조되는 분위기를 형성하고 있다.

일반적으로 사찰건축에서 성스러운 존재성은 공간의 배치 구조를 통해 표현되어지는데 그 중 하나는 높낮이에 따른 설정이며 다른 하나는 중심성에 의한 위계감 표출이다. 그런데 여기서는 높낮이에 의해 그 의미가 적용되어 있다.

불교에서는 세계의 구조를 수미산에 빗대어 이 세상과 초월적 공간을 층 위로서 구분하고 있는데 밑뿌리의 지상으로부터 꼭대기는 천상을 상정한다. 아래로부터 위를 향하여 올라갈수록 신성시하는 의식을 갖고 있다. 낮은 곳은 지상이고 하늘로 가까이 다가간 천상이며 이상향의 세계로 해석한다. 또한 가장 낮은 지옥이고, 가장 높은 곳에 부처님의 세계가 있다고 생각한다.

그 같은 의미로 설정된 일주문으로부터 무량수전에 이르는 과정은 아주 드라마틱한 체험을 갖게 된다. 우선 발길의 흐름상에서 전체가 한눈에 드러나는 것이 아니라 여러 단계의 축대를 오를 때마다 새로운 시야가 트이고 점차로 경내의 깊이감과 새로운 장소성을 느낄 수 잇게 되어 있다. 그리고 그 장소적 체험의 절정에 무량수전이 놓여 있다. 그럼으로써 무량수전에 이르러서는 마치 극락 세계를 체험하는 것 같은 환희로운 정서 속에 불상 앞에 임할 수 있게 되어 있다. 즉 종교적으로는 해탈의 존재가 머무르는 공간적 의미로 실제 서방정토 극락에 상주하고 있다고 여기는 아마타불을 찾아간 듯한 정서를 갖게 하려함이다.

부석사에서의 그러한 드라마틱한 체험은 크게 4단계를 겪는다. 우선은 천왕문을 지날 때이다. 천왕문에는 인간의 선악을 관찰하고 수행자들을 올바른 길로 인도하며 불법을 수호하는 사천왕상이 있는데 각각 불국정토의 동, 서, 남, 북을 지키는 신들이다. 동쪽을 지키는 지국천왕(持國天王)은 손에는 보검을 쥐고 있고, 남쪽의 증장천왕(增長天王)은 왼손은 주먹을 쥐어 허리에 대고 오른손에는 칼을 든 형상이다. 그리고 서쪽의 광목천왕(廣目天王)은 용과 여의주를 들고 있으며, 북쪽의 다문천왕(多聞天王) 오른손에는 몽둥이를 들어 무장하고 왼손에 보탑(寶塔)을 받쳐 들고 있는데 그것은 사찰을 지키고 악귀를 내쫓아 불도를 닦는 사람들로 하여금 사찰이 신성한 곳이라는 생각을 갖게 하기 위해 세워졌다.

천왕문을 지나 오르는 길

천왕문

그곳을 지날 때는 앞이 단지 경내로 깊숙이 들어가는 과정으로 인식될 뿐 아직 경내의 느낌을 알아차릴 수 없다. 축대에 가로막혀 저 너머로 시선을 보낼 수 없게 된다. 주변에 건물은 하나도 보이지 않고, 단지 가운데 놓인 외길 계단만이 나아갈 흐름을 이끈다. 아직도 경내에 대한 호기심과 그윽한 상상이 수반되면서 신성한 영역과 존재앞에 나아가는 경건한 마음을 가다듬게 된다. 그러한 여백적 분위기는 잠시 폐사지 같은 고즈넉한 느낌을 불러일으킨다.

범종루 루하를 지나며 바라보이는 무량수전

천왕문을 지나 막 오르는 길은 산비탈처럼 경사지게 넓직한 돌들이 깔려 있다. 그 반질반질하게 닳은 표면에서 세월의 깊이가 느껴진다. 거기서 다시 축을 따라 오르려는 길은 높고 가파른 계단으로 되어 있다. 가로막음은 저 너머를 향한 의식을 불러일으킨다. 불전이 갖는 신앙적 상징성은 멀리까지 흡인력을 발하여 높은 축대를 넘어 이끈다. 그리고 축대를 오르면 비로소 경내에 도달한 느낌을 갖게 된다. 그 양편의 탑 뒤쪽으로는 종무소와 유물관 요사체 등 몇 채의 건물이 도열하듯 축과 나란하게 서 있다. 그리고 중앙의 길 좌우에 통일신라시대 양식의 3층 석탑이 서 있다. 그러나 불전은 아직도 저 멀리에서 느껴질 뿐이다. 축은 계속해서 범종루 누 밑을 통과하도록 되어 있다. 그 축을 따라 가는 길은 경건한 의식에 사로잡혀 가는 길이다. 이곳을 들어온 발길을 더욱 끄는 것은 자신을 편케 해줄 존재로의 나아감이다. 그리고 그 마음을 이끄는 건축적 구성이 적절히 이루어져 있다.

범종루 누하로 오르면 공터가 있고 거기서 다시 한 번 여백적 분위기가 느껴진다. 거기서 올려다보면 안양루와 무량수전이 중첩되어 보인다. 사람들은 그 곳에 이르러 비로소 찾아온 대상을 느낀다. 거기서 보면 안양루 누 밑을 거쳐 오르는 높은 계단이 길게 늘여뜨려 보인다. 그런데 거기서 두 건물이 입체적으로 중첩되어 보이는 것은 축이 어긋나 있기 때문이다. 거기서 문득 그러한 축선의 변화가 문득 의문을 불러일으키기도 한다. 그 이유가 다른 두 개의 교리 체계의 적용에 의해 이루어졌다는 주장도 있다. 하지만 필자는 현재의 모습이 교리적 영향이 아니라 지형의 흐름에 맞게 한 지극히 자연

安養門

스런 선택이었을 것으로 보고 있다. 즉 부석사가 조성된 터의 형세 때문으로 보이는데 일주문부터 범종루까지는 그 축선의 방향이 터와의 대칭적 균형을 이루게 되지만 계속해서 위쪽으로 연장해 올라가면 뒷산의 중심에서 비켜나가게 된다. 그래서 뒷산의 지형적 중심성과 일치시키기 위해 기운을 거기서부터 각도를 틀어 놓은 것이다. 그러면서 안산을 인대로 바라보이게 하였다. 그 모든 것이 터와의 균형감을 갖추게 한 것이다. 그리고 축선이 꺾임으로서 무량수전이 소백산 능선을 정면으로 바라보고 있을 때보다 더욱 입체적인 장면이 형성된다.

범종루 뒤 공터에서 긴 계단을 올라 무량수전 마당에 이르려면 다시 안양루 밑을 지나게 되어 있다. 산지가람에서는 대개 불전 마당에 들어설 때 루 밑을 지나 오르도록 되어 있다. 그것을 누하진입이라고 한다. 누하진입 때는 여울목을 건널 때 같은 느낌을 갖게 된다. 대개 누 밑 층고가 높지 않아서 빠듯이 들어갈 수 있다. 그렇지만 좁은 그곳을 빠져나가며 트인 공간을 만날 때의 느낌이 좋다. 하지만 축을 벗어나 갈 때는 그 경건한 힘을 느낄 수 없다. 요새는 범종루 보수공사를 하고 있어 할 수 없이 우측으로 돌아 올라갔는데, 예전과 달리 어쩐지 허전하고 밋밋한 느낌이었다. 그런데 부석사에는 범종루와 안양루에서 두 번의 누하진입을 하게 됨으로써 오르는 과정의 느낌이 고조된다. 그곳까지의 수고로움은 다음에 이르러 느끼게 되는 감동을 더 고조시키는 결과가 된다.

루하 통로를 지나 바라보이는 무량수전

안양루 누 밑으로 마당에 오르면 먼저 무량수전의 존재를 확인하게 된다. 그리고 나서 마치 산의 정상을 오른 때처럼 자신이 올라온 길을 뒤돌아보게 된다. 그 때 겹겹이 굽이치며 펼쳐지는 백두대간의 능선이 보인다. 저 멀리 지리산까지 달려가는 능선이다. 그리고 거기서 저 멀리 자신의 마음을 드넓은 환희의 세계로 풀어헤치는 감각이 느껴 온다. 그것은 최초로 사찰의 터를 닦은 이가 지녔던 마음 그대로일 것이다.

부석사 가람배치의 상징성

불교에서는 세계의 중앙에 수미산(須彌山)이라는 가상적인 이상향의 산을 설정하였다. 수미산은 그 형상이 특이한 모습을 취하고 있다. 산기슭에서 위로 올라 갈수록 점차 좁아지다가 정상에 가까워지면 다시 점차 넓어져 맨 꼭대기에는 편편한 모양을 이루게 된다. 그리고 그 산아래는 혼탁한 중생세계를, 그 맨 위는 불교적 이상세계를 뜻한다. 그리고 그 사이 높이에 따라 위계를 부여하고 있다. 부석사에 조성되어 있는 축대의 수를 두고 위계적 해석을 하기도 한다. 놓여진 축대의 수를 아홉단 혹은 열단으로 보고 그에 따른 해석이 다른데, 아홉은 수행단계를 하품하생부터 상품상생에 이르는 구품계를 상징한다고 하고, 열단으로 해석할 때는 세상이 차원이 다른 10여 종의 존재들로 구분된다고 한 대승불교의 세계관이 적용된 것으로 본다.

즉 밑에서부터 위로 올라갈수록 점차로 귀한 존재가 머무는 세계가 있는데, 가장 하위에 속하는 지옥(地獄)세계로부터 아귀(餓鬼), 축생(畜生), 아수라(阿修羅), 인간(人間), 천(天), 성문(聖聞), 연각(緣覺), 보살(菩薩), 그리고 가장 상위에 불(佛)의 세계가 있다고 한다. 사람들은 산지가람을 조성하면서 불교에 나오는 수미산의 상징적 의미를 부여했다. 일주문에서부터 대웅전에 이르는 과정은 바로 낮은 단계에서 깨달음의 단계로 나아가는 것을 상징한다. 부석사에 들어선 사람들은 의도하지 않더라도 축대 하나를 넘을 때마다 존재 위계가 높아지는 꼴이다.

깨달음을 구하기 위해 산문을 찾는 사람은 산문의 경계에 들어서면서 먼저 자신의 마음을 하나로 모은다. 그리고 산문경계에 그것을 상징하여 일주문을 세운다. 일주문을 지나 정진을 계속하면 산중턱의 사천왕(四天王)이 있는 세계에 이르게 된다. 구도의 길로 들어섰지만 중턱쯤 오르다보면 마음에 미혹이 생길 수 있다. 이 때 사천왕이 마음에 미혹을 일으키는 존재들을 제압한다. 그리고 더욱 수도정진하여 정상에 오르면 마침내 '주객'이 둘이 아닌 불이의 경지에 도달하게 된다. 수미산의 꼭대기인 이 곳을 도리천(忉利天)이라 하는데, 그 중앙의 선견성(善見成) 및 사방에 있는 8개씩의 궁전(宮殿)과 함께 33천(天)을 이루게 된다. 그리고 그 위에 있는 18개의 하늘 세계를 지나면 아늑한 곳에 부처가 계시게 된다. 그 경계에 세워지는 문이 불이문이다.

부석사에서는 안양루가 불이문에 해당된다. 주객이 둘이 아니요 세간과 출세간이 둘이 아님을 상징하는 불이문, 이 불이문에 들어서기 위해서는 도리천을 상징하는 33계단을 거쳐야 한다. 그래서 불국사의 백운교와 청운교도 33계단으로 만들었다. 이렇듯 불교에서는 수미산이라는 가상적인 이상향의 구도를 통하여 부처의 세계에 이르는 해탈의 단계를 상징화하고 있다. 특히 그것은 우리나라의 산지 지형에 잘 적용되어 우리나라 특유의 느낌을 이루어냈다.

호쾌한 시선이 펼쳐지는 마당

안양루 밑으로 난 계단을 오를 때는 프레임 너머로 석등과 무량수전이 보인다. 거기서 보면 석등이 약간 왼편으로 치우쳐 있는데, 그로서 자연스럽게 탑의 우측을 지나가게 된다. 그 방향은 탑돌이 방향과도 같다. 붓다의 사리를 모시기 위해 생겨난 탑은 붓다를 상징하며, 탑돌이는 붓다에 대한 경배의 표시이다. 고대로부터 인도에서 한 인물에 대한 예경(禮敬)은 그를 중심으로 세 번 도는 일이었다. 이것을 요잡(繞匝)이라고 하는데, 시계 바늘 방향으로 세 번 돌기 때문에 우요삼잡(右繞三匝)이라고 한다. 무량수전 앞마당은 우리나라 사찰 가운데 가장 호쾌한 시선을 누릴 수 있는 곳이다. 그리고 이 곳을 찾은 사람들이 가장 큰 기쁨을 누리는 곳이기도 하다.

사람들은 부석사 입구까지 얼마 오르지 않아 무량수전 마당에서 뒤를 돌아보며 누구나 희열의 기쁨을 만끽한다. 때로 시선이 막히고, 좁고 낮은 통로로 이어진 한가닥 길을 묵묵히 올라와 뒤돌아보는 순간 저 멀리 펼쳐지는 호쾌한 눈멋을 맛봄이, 얼마 되지 않은 다리품을 팔고서 큰 선물을 받은 것 같은 느낌이 들 때도 있다. 그것은 마치 구도의 마음이 환희를 이룬 것 같다. 아스라히 펼쳐지는 산자락 끝에 미처 닿지 못한 시선은 상상의 세계를 낳게 한다. 그 조망의 장엄함은 신앙적 화엄 교리와도 상통한다.

화엄사상은 다즉일(多卽一) 일즉다(一卽多)의 개념을 담고 있는데, 궁극적으로 부처가 말한 진리가 온 우주질서와 맞닿는다는 것을 의미한다. 공간적으로는 모든 우주공간에 미치며, 시간상으로는 겁의 과거로부터 겁의 미래의 세월까지 펼쳐진다고 한다. 그로서 붓다가 말한 진리가 우주 삼라만상

모든 시공간 위에 적용됨을 설명하려는 것이다. 그리고 궁극적으로 자연의 섭리가 불성이 깃들어 나타난 현상이며, 지혜의 소산으로 이루어진 것이라고 생각한다. 그래서 모든 진리와 선과 아름다움이 일체라는 생각이다. 이 곳 마당에서 느껴지는 풍광의 아름다움과 마음 안에 일어나는 기쁨이 마치 그것을 확인하고 있는 것처럼 느껴진다.

안양루 아래로 펼쳐보이는 경내 건물군

안양루에서 펼쳐보이는 호쾌한 시선

무량수전 언저리에 놓인 안양루와 석등

무량수전의 고전미

우리나라에는 비교적 많은 전통문화유산이 남아 있다. 그런데 석조유물은 삼국시대의 것도 많지만, 목조건물은 가장 오래된 것이라고 해도 고려 중기를 넘지 못한다. 그리고 그 수도 손에 다 꼽을 수 있을 정도이다. 한국전통건축 가운데 가장 오래된 것은 봉정사 극락전이다. 그것의 건립연대는 기록으로 확실히 남아 있는 것은 없다. 다만, 13세기 초에 건립된 것으로 추정하고 있다. 그리고 무량수전은 봉정사 극락전보다 반세기 정도 후에 지어진 것으로 보고 있다. 그 추측에 대해 의문이 생기겠지만, 이곳 무량수전과 수덕사 대웅전을 비교해 보면 누구나 수긍할 수 있을 것이다. 공포의 모습에서 마치 다윈의 진화론 같은 변화를 읽을 수 있기 때문이다. 즉 봉정사 극락전의 공포가 장식 하나 없는 구조적 기능에만 충실하게 만들어져 있는데 비해, 무량수전은 주두의 굽받침과 초기적 모습의 쇠서가 있고, 수덕사 대웅전에서는 그 쇠서가 확연히 장식적으로 발달해 있다. 그래도 어디까지나 형식적 완성을 위해 나아간 모습이다.

과거 건축에서 하나의 양식이 형성되고 나면, 그 후로는 새로운 양식을 창안하기보다 기존 양식의 전통을 오래도록 지니며 세련의 손길이 가해져 왔다. 그래서 우리나라 전통건축은 몇 기의 전탑과 수원성, 첨성대 등을 제외하고는 대부분 목구조방식으로 지어졌다. 그러나 무엇이건 정점이 있기 마련이다. 그리고 전통건축에서 형식적 정교함과 고전적 우아함으로서는 고려시대에 지어져 남아 있는 건물들에서 정점을 느낄 수 있다. 고려 때 지어진 건물로서는 봉정사 극락전과 이곳 부석사 무량수전과 조사전 말고도 수덕사 대웅전, 은혜사 거조암 영산전, 강릉 객사문 등이 있다. 그 건물들은 주심포식이라는 공통된 특징을 갖고 있는데, 오래되었을 뿐 아니라 건축적으로도 매우 우수해서 거의 다 국보로 지정되어 있다.

일반인들이 전통건축의 특징적 아름다움을 말할 때, 처마곡선과 배흘림 기둥을 많이 말한다. 하지만 고대 이래로 건축의 성공이 부분의 공예적 아름다움 때문에 되는 일은 없었다. 건축의 감각은 하나하나의 사물이 통일된 균형을 이룸으로써 발하는 느낌이다. 그리고 무량수전은 확실히 공예적 변모로서가 아닌 진정한 명품만이 유발시킬 수 있는 조건을 갖추고 있다. 이 건물에는 배흘림 기둥뿐 아니라 귀솟음, 안쏠림 등 형태적 균형을 위한 신경쓴 노력의 대가가 느낌으로 역력히 나타난다. 무량수전을 다른 건물들과 상상하며 비교해 보면, 이 건물이 얼마나 뛰어난 균형을 갖추고 있는지 알게 된다. 기단과 기둥, 보, 공포, 지붕 그리고 문살에 이르기까지 거기에 적용된 모든 구조법식은 전체를 위해 알맞게 이루어져 있다. 그리고 섬세한 손길로 이루어진 형식적 완결성은 서양의 고전건축과 느낌이 통한다. 그 건물들에서는 성심을 다한 장인의 손길로 정점에 다다른 것이 느껴진다. 그 이미지는 석굴암을 대하는 느낌과 같다. 그것은 지극한 신앙심이거나 장인 스스로 체험했던 정성을 다한 후의 성취감보다 더 나은 것을 이루려는 집념으로 되어졌을지도 모른다. 정신과 기술이 일치된 선과 교의 만남의 결과라 할 수 있다. 그리고 그러한 격조 높은 건축의 체취가 부석사의 사찰로서의 기품을 낳는다.

무량수전 귀공포

무량수전 배흘림 기둥

무량수전 전경

무량수전 측면 전경

무량수전의 순치된 느낌

전통건축 가운데 구조 자체의 형식적 완성도에서 보면 수덕사 대웅전이 더 우수하다고 생각한다. 그런데 그 건물과 무량수전은 각기 상반된 개성을 지니고 있다. 수덕사 대웅전은 규모가 작으면서도 씩씩해 보이는 반면, 무량수전은 그보다 규모가 훨씬 크면서도 부드러우며 섬세한 감성의 울림이 느껴진다. 그것은 우선 맞배지붕과 팔작지붕의 차이에서 비롯된 것이다. 한국건축은 배치에서부터 자연과 조화를 추구해 왔다. 그리고 한국건축의 지붕곡선은 건축이 지니는 인위의 속성이 두드러짐을 완화하기 위해 순치시킨 결과라고 본다. 그래서 건축의 힘은 벽면까지만 나타나고 지붕선에서는 자연과 일치된 흐름이 느껴진다.

무량수전에 나타나 있는 선들은 예민함의 극치이다. 그 건물을 바라보고 있으면 마치 섬세한 판소리 가락을 듣는 것 같은 감정을 불러일으킨다. 그 건물의 규모는 정면 5칸, 측면 3칸으로서 규모가 큰 편인데도 그 크기의 인식이 생기지 않는다. 때로 무량수전의 섬세한 느낌은 그 본래의 육중한 부피의 감각을 다 도려내 버림으로써 생긴 듯하다. 그래서 그 고전적 형식미를 음미하기도 전에 그 예민한 느낌에 먼저 도취되어 버릴 듯하다. 건축은 본래 속성상 구축의 힘을 갖게 된다. 그러나 무량수전에 가해진 부드러운 선은 그 힘을 순치시키며, 예민한 감성으로 느껴지게 한다. 그리고 한국전통건축에서 스스로 건축적 힘을 완화시키는 그러한 이미지는 형태에 관한 생각을 복잡하게 한다. 마치 형태는 본래부터 주장하고 싶지 않은 듯 보이기도 한다.

하지만 그 무량수전의 이미지는 어디까지나 형식적 완결성을 바탕으로 된 것이다. 한국 불교사에서 위치를 차지하는 고승이 남긴 화엄종찰이라는 불교사적 의의와, 호쾌한 자리잡음과, 독특한 감성에 젖게 하는 축의 진입과, 무량수전의 섬세한 멋은 후대사람들에게도 계속해서 귀히 여기는 마음을 낳게 할 것이다.

독락당을 찾는 즐거움은 별천지의 호기심을 쫓아가면서 유발된다. 드러나지 않는 무언가와 예기치 않은 놀라움 속에 만나도록 하기 위해 처음 들어설 때부터 미로로 느껴지게 하였다. 중첩은 깊숙한 감각을 생겨나게 하고 닫히고 열림의 긴장감을 생기게 한다. 그러나 미로를 쫓아간 곳에는 뚜렷한 형상의 목표가 기다리는 것이 아니고 다시 자연을 대하는 개방감이다.

- 필자의 본문중에서 -

독락당
獨樂堂

어서각 담장 옆으로 지나는 유물관 입구

유물관 내부

이언적과 조선시대 선비의 부침

2010년 7월 회재 이언적 선생이 태어나 자랐던 양동마을이 그가 살았던 독락당과 함께 세계문화유산에 등재되면서 역사 깊은 그 마을의 역사문화와 인물들이 활발히 탐구되고 있다. 특히 이황과 이이의 선배로서 조선 성리학사에 큰 업적을 남긴 회재 선생의 학문적 위상이 재조명되고 있다. 회재는 "성리학을 체계적으로 연구해 중국 송나라 유학을 계승하면서도 이를 뛰어 넘는 창조적 학문으로 발전시켰다"는 평가를 받고 있다.

회재 이언적은 정여창, 김굉필, 조광조, 이황과 함께 조선시대 동방 5현에 꼽히는 인물로 1491년 양동마을의 외가(外家)인 서백당에서 태어났다. 그 집에는 3명의 천재가 난다는 고사가 전해 오고 있는데 손중돈과 회재가 그 집에서 태어났고 나머지 한 명은 아직 나지 않았다. 양동마을은 원래 경주 손씨 집성촌이었지만 여강 이씨인 회재의 아버지 이번이 양동마을에 사는 손소의 딸에게 장가들어 처가살이를 하면서 이씨의 뿌리를 갖게 되었다. 그 후 이번은 양동마을에 있는 현재 무첨당 살림채를 짓고 처가로부터 독립했다. 그런데 손씨 후손들 중 타지로 분가해 간 사람이 많은 것과는 대조적으로 회재를 비롯한 이번의 자손들이 양동마을에 뿌리를 박고 번창하면서 손씨와 대등한 가계(家系)를 형성하였다. 그리고 점차 사돈 집안끼리 경쟁 관계가 되었다. 그 뒤로 손씨 문중에서는 서백당에서 이씨 문중의 아이를 낳지 못하게 하였다는 이야기가 전해온다.

회재의 어린 시절은 불우한 편이었다. 아버지 이번이 그의 나이 10살 때 타계하고 말았다. 하지만 그는 부친을 여읜 환경 속에서도 학문에 힘썼다. 천품이 뛰어나 외숙인 손중돈에게 잠시 배웠을 뿐

어서각 입구

어서각 대문 안쪽 모습

스스로 공부하여 중종 9년 별시 문과에 급제한 후 벼슬에 나아가 탄탄대로를 걸었다. 그러나 중종 26년 권신 김안로와 심언광에게 미움을 사서 파직당하였다. 조선시대 벼슬에 나간 선비들이 간혹 왕위 변동시에 예기치 않은 정치적 사건을 맞거나 때로는 모함을 받고 파직되거나 귀양을 갔다.

조선의 성리학적 사회 질서의 중심에는 군주와 선비가 자리잡고 있다. 군주가 존재함으로써 나라가 성립한다고 생각한 시대니 만큼 군주에 관해서야 더 말할 나위 없겠으나 조선사회의 정신을 느낄 수 있는 존재가 선비였다. 선비는 스스로 자신을 수양하는 것을 본분으로 여겼고 지조와 절개를 생명처럼 여겨서 나라에 도가 바로 서 있을 때는 나아가 경륜을 펼치지만 도가 땅에 떨어졌을 때는 세속을 벗어나 자신의 마음을 지키고자 했다. 그리고 세상의 도가 모두 땅에 떨어져도 한 사람의 선비만 남아 있으면 다시 세상에 도를 일으켜 세울 수 있다는 신념을 품고 살았다. 때가 오지 않으면 초야에 묻혀 스스로 수양하고 때가 되어 부름을 받으면 나아가 나라에 경륜을 펼치고자 했다.

은둔과 기다림

성리학적 질서 속에 살기 원했던 조선사회는 진정 철학적 이상사회를 연상케 한다. 서구에서도 철인 통치를 주창한 예가 있지만 현실과는 요원한 것이었다. 그러나 실제로 성리학이라는 철학적 이상을 지향한 사회가 조선 사회였다. 군주는 성리학을 국시로 내세웠고 그것을 지탱해갈 인재가 필요했다. 그래서 평생 학문만을 하며 살아갈 삶의 목표와 현실적 수요가 일치할 수 있었던 것이다. 선비는 일상생활인의 모습과 구도자의 모습이 함께 갖춰진 존재로 비춰진다. 도리와 체면을 중시한 선비들은 욕됨을 당하기보다 죽음을 택해야 한다고 생각했다. 권력과 돈이 없어도 체면만을 지키려 했고 몰락한 양반일수록 품위마저 잃으면 끝장이라고 생각했다. 하지만 양반문화는 아래 계층의 헌신 위에 이룩되었으나 성리학의 이념 안에서 당연시했다. 결국 양반이 반듯한 집에서 군자의 모습을 닮고 실천하려 하는 노력이 가능했던 것은 하급 계층의 보살핌이 있었기 때문이다.

하지만 우월적 신분계층인 그들도 세상과의 모진 인연에 의해 소외된 삶을 살게 되는 경우가 종종 있었다. 회재처럼 파직을 당하거나, 귀양을 가거나, 아니면 아예 스스로 세상에 나아가지 않는 경우도 있었다. 매월당 김시습과 김삿갓으로 불리는 방랑시인 김병연 등은 스스로 소외를 택했던 인물이다. 생육신으로 불리는 매월당은 단종 애사 후 비관하여 세상을 버리고 일생동안 법계와 속세를 오가며 떠돌았고, 김삿갓은 과거장에서 홍경래 난 때 변절한 김익순이 자신의 조부인줄 모른 채 존철살

편액이 걸려 있는 사랑채(독락당)

계정 안마당

양편 산세로 둘러 싸인 독락당 입지

옥산서원

인의 필봉을 휘둘러 욕했다가 후에 그가 조부인 것을 알고 한탄하여 세상으로부터 훌훌 벗어나 한평생을 떠돌아 다녔다. 그리고 그 아픔은 평생 가슴에 남아 시가 되었다.

르네상스시대 회재와 비슷한 시대를 살았던 마키아벨리는 역모에 연루되어 옥살이를 하다 파직된 후 산탄트리아 산장에서 소외의 세월을 보내며 군주론을 썼다. 시오노 나나미는 그 산장에서 바라보이는 듀오모 성당을 보며 마키아벨리의 마음이 생각되어 예리한 칼날에 찢긴 듯한 아픔이 느껴졌다고 했다. 그리고 독락당의 주인은 심정이 어땠을까 하고 생각했다. 그들 모두 소백산 주목처럼 칼바람을 맞고 서서 산 사람들이다. 겨울 들녘의 목초가 무서리에 삭여지듯이 삭여지고 싶었을 것이다. 그런데 모두 잃고 난 후 고통마저 생의 애착이 든 때 마치 고행 후 깨달음을 얻는 순간처럼 본질을 직시하는 기쁨과도 만날 수 있었다. 그리고 선비가 조정에서 쫓겨가는 것은 매우 불행한 일이었지만 본인의 학문을 연마하는데는 절호의 기회이기도 했다. 회재는 파직 후 자옥산에 기댄 이곳 안강마을에 정착하여 7년 동안 성리학 연구에 몰두하였다.

파직으로부터 시작된 새 삶이었지만, 회재는 이 곳에서 권세 다툼으로부터 벗어나 자유로이 글을 읽고 사색하는 기쁨을 맛보았다. 그 홀로 보내는 생활이 즐거워 집 이름도 독락당이라 지었다. 파직 당한 순간은 야속함과 미움이 일었지만 그것은 곧 잊혀지고, 세속의 때가 끼이기 쉬운 생활을 벗어나 유유자적하며 맑고 담담한 생활을 즐길 수 있었다.

구도적 공부를 한 선비들 가운데는 출세 후에 정치적 이해에 따라 파벌에 속해 휩쓸려 싸우기도 했다. 결국 본래의 깨끗함을 잃고 달라지는 경우도 많았다. 사람이 권력에 의해 왜곡된 자아를 스스로 치유하는 가장 좋은 수단은 얻은 것을 버리는 일이다. 권세와 영화의 상반된 일을 기꺼이 행함으로써 치유될 수 있다. 요새 사람들도 잠시나마 사찰이나 기도원 등에서 본래 자신의 맑음을 회복한 느낌을 경험한다. 은둔의 개념은 노자사상에서 유래된다. 그러나 그 사상은 본래부터 은둔 지향적인 것이 아니라 왜곡된 문명이 있기에 은둔하려는 것이다. 그리고 자연의 섭리에 따라 살아가는 것을 지혜로운 일로 생각한다. 때묻지 않음으로써 밝게 전체를 볼 수 있는 의미를 갖고 있다.

회재는 그처럼 자연을 벗삼고 자신을 연마하는 세월 동안 학문적 도약을 이룰 수 있었다. 혼탁한 세상에서 은둔한 현자의 출현을 기다리는 것은 참 신선한 일이다. 유비는 삼고초려 끝에 공명을 얻었다. 은둔한 선비를 얻는 것을 용을 얻는다고 표현한다. 그러한 고사는 주왕이 태공망을, 한고조가 장량을 얻는 과정과 비슷하다. 그리고 파직된 후 구도의 자세를 견지한 회재 또한 군주가 언젠가 자신의 능력을 인정해 줄 때를 기다리고 있었는지도 모른다. 회재는 그 후 중종 32년 김안로가 사사됨과 동시에 재기용되고 그의 학문이 인정되어 벼슬이 좌찬성에 이르렀다. 그것은 어쨌든 혼탁한 속세를 떠나 재충전의 기회를 가졌던 때문이라고 할 수 있다. 다산 정약용, 추사 김정희 등이 그런 시기에 자신의 한 차원 높은 단계로 나아갔었다. 그로서 사회로부터의 소외가 꼭 낙오를 뜻하는 것만이 아닌 긍정적 의미를 가질 수 있게 된다.

독락당의 주변 지세

안강에서 영천으로 가다 우측으로 꺾어 들어가는 양편에는 점차 좁혀지는 산자락이 깊게 감싸고 있다. 깊게 펼쳐진 평평한 들녘은 평온하고 둘러친 산세는 수려해서 이 지역에 들어서면 누구나 그 안온한 입지에 반해 주저앉아 살고 싶은 충동이 일 것 같은데 그 맨 안쪽에 독락당(玉山精舍 · 보물 413호)이 자리잡고 있다.

독락당을 좌측으로 돌아가면 평평한 논이 펼쳐 보인다. 거기서 그 가운데 놓인 독락당을 보면 땅에 의지해 살아가는 한갓 시골집 같은 모습이지만 들녁에 바짝 낮게 깔려진 모습이 특별한 인상으로 다가온다. 그리고 건물은 겸허하게 자리하고 있지만 그 터는 온 주변 산세와 들의 기운이 다 가득 모여진 형국이며 독락당은 그곳의 온 기운을 홀로 다 누리는 모습이다. 그런데 그 낮고 평온함은 집 자체가 대지에 바짝 닿아 있을뿐 아니라 상대적으로 큰 주변 산세와 대비되어 보이기 때문이기도 하다. 독락당이 바라보는 자옥산은 낙동정맥의 줄기인 도덕산에서 갈라져 뻗쳐 내리고 있고 동쪽으로는 어래산이 감싸며 안강들과 옥산리를 구분짓고 있다.

사당 일부

안채 일부

04.桓

사랑채 전경

숨방채 앞마당

1. 솟을대문
2. 별채
3. 숨방채
4. 안채
5. 사랑채(독락당)
6. 어서과
7. 사당
8. 계정

집 동쪽으로는 위쪽 먼 산골짜기로부터 흘러오는 작은 개울이 지난다. 그 개울은 휘돌아 가면서 운치 있는 멋을 풍긴다. 개울가에 돌출된 바위는 천전리 암각화가 새겨진 바위처럼 그 자체가 아주 빼어난 맵시를 띠고 있다. 그리고 독락당은 그러한 입지와 조화되어 있다.

독락당의 구성과 양반가옥의 예 이데올로기

회재가 은거한 독락당은 그가 파직되어 돌아오기 15년 전 소실인 석씨 부인을 맞을 때 처가에서 지어준 집이다. 그런데 회재가 돌아와 이 집에 머무를 때 가옥구조에 큰 변화가 생겼다. 그 가장 큰 변화는 사랑채를 추가로 지은 것이다. 회재는 사랑채를 짓고 그 이름을 독락당이라고 했다. 그러면서 자신이 처한 처지를 반영하듯, 기존의 안채와 별도로 있던 계정을 총체적으로 연관지어 은둔구도로 재구성했다.

독락당 숨방채

안채와 사랑채 동선이 나뉘는 골목 입구

사랑채 마당

안채로 들어섬

건축에는 그 시대 정신이 담겨진다. 특히 조선시대 양반가옥은 예학에 입각한 독특한 가옥 유형을 낳았다. 무엇보다도 남녀유별이 중요한 의미였다. 당시의 풍습은 남녀가 유별한 것이 군자의 품행이라고 생각하고 남자가 안채에 근접하면 선비의 체통이 서지 않는 것으로 생각했다. 그래서 남녀칠세부동석(男女七歲不同席), 남녀부공식(男女不共食), 부부별침(夫婦別寢) 같은 원칙이 생겼다. 그것을 미덕으로 여겨 여자공간과 남자공간을 나누면서 안채와 사랑채가 구분됐다. 별채로 된 사랑채에서 안채로 들어가려면 별개의 집처럼 중문을 거쳐야 했다.

안채, 사랑채에 독립된 마당까지 갖추고 보니 구분이 더욱 더 깊어졌다. 젊은 부부의 들끓는 애정관계도 표면적으로는 외면되어졌다. 집안의 집인 안채는 남정네들의 출입이 없으니 안주인과 며느리 등 소수만이 거주하는 더욱 더 사적인 성격의 영역이 되었다. 양반가옥에서 사랑채를 제외한 부분은 전통적으로 이루어진 농경사회 가옥구조를 그대로 지녀왔다. 현대에는 가정과 일터가 확연히 구분되지만 농경사회에서는 생활 터전에서 경작이 이루어지고 들에서 거둬들인 곡식은 집안에서 갈무리되었다. 또 양반가옥은 여러 계층이 함께 사는 공동체 사회였다.

독락당 숨방채 전경

그래서 계층간의 공간을 의식해야 했다. 그 안에 사는 사람의 신분과 격을 같이 하여 선비가 의관을 정제하듯 예의 관념적 질서가 갖춰지게 했다. 그로 인해 공간마다 사용자의 주체적 성격이 나타난다. 안채에 거하는 안주인의 품위가 지켜지도록 고려하면서 문간채와 행랑채는 직업과 신분이 낮은 노비의 생활공간이 되었다. 양반가옥은 이전의 가옥구조에서 사랑채와 사당 등 중요한 요소가 추가된 구도이다. 독락당도 양반가옥으로서 안채, 사랑채, 행랑채, 사당의 기본 구조를 이루고 있다. 양동마을의 서백당은 양반가옥의 원형이라 할 수 있다.

그 집은 뜰집구조로 된 건물의 외곽 모서리에 사랑공간을 두고 있는데, 그것은 양반가옥의 초기 양상을 보여준다. 그리고 관가정은 살림집을 예학적 규범에 맞춰 반듯한 건축적 질서를 이루게 한 집이다. 또 양진당과 충효당의 경우는 사랑채가 안채로부터 별채 형태의 별도 영역으로 분화되어간 단

계정마루의 열림

계의 모습이고, 독락당, 무첨당은 사랑채가 안채로부터 완전히 독립된 예이다.

양반가옥의 사랑채는 현실과 구도를 함께 하려는 선비의 인간관을 상징한다. 조선시대 선비의 부인들은 바깥주인이 생활에 신경 쓰지 않고, 뜻을 성취하도록 조용히 내조하는 덕을 갖춰야 한다고 생각했다. 예를 인간의 도리라고 생각했던 유학사상은 성리학에도 그대로 계승되었다. 그런데 불교와 도가의 영향을 받은 성리학은 스스로의 인격을 먼저 수양한다는 구도적 전통이 있었다. 그리고 조선시대 선비들에게서 자연스럽게 구도적 삶의 모습이 떠오른다. 그러한 개념은 공자의 유교에는 원래 없었던 것으로서, 그것이 성리학만의 매력이다.

양반가옥의 사랑채 공간은 바로 수도자가 수행하는 곳과 유사한 성격을 지니고 있다. 가족이 생활하는 살림집과 수도처가 함께 있는 의미로 볼 수 있다. 종교는 다르더라도 모든 구도자의 공간은 정결함과 청빈한 생활태도가 연상된다. 그리고 선비의 구도적인 삶의 태도와 그 거처로서의 사랑채를 느껴 볼 수 있다. 그 구도의 도장은 자연에 은거한 정자일 수도 있고, 서원이거나 가옥의 사랑채일 수도 있었다.

독락을 위한 건축적 창작과 영역을 따라 느껴지는 깊이감

독락당의 기본 구조는 살림채와 곳간채 등 흔히 농경 생활에서 영위해가는 살림집 구조와 별반 차이가 없다. 그런데 회재의 취향과 스스로 지향한 일상에 맞춰 세속에 때 묻지 않고 사유와 학문에 전념할 수 있는 곳을 갖추려는 생각에 따라 집의 배치와 구조를 가다듬음으로서 색다른 성격을 띤 가옥이 이루어졌다. 회재는 성리학자로서 자신이 갖고 있는 사상을 일상적 삶에 실천적으로 적용하려 한 것으로 보인다. 그 점을 확인할 수 있는 것은 그가 이전에 관여한 건축물의 모습에서 느낄 수 있는데, 그러한 가옥으로는 무첨당과 향단 등이 있다.

무첨당은 터의 입지에 이전의 유래 없이 사당, 안채, 사랑채를 각각 독립적으로 구성하였다. 그리고 향단에서는 대문의 위치와 지형적 조건 및 쓰임 목적 따라 공간과 동선에 매우 드라마틱한 구조를 설정해 놓았다. 그처럼 회재가 관여한 모든 집들은 가옥의 구조와 구성 측면에서 자신의 해석에 따라 면밀한 계획을 세워 의미 있게 꾸며 놓았다.

조선시대 양반들이 집을 지을 때, 오늘날과 다른 특징은 안목을 갖춘 건축주들이 좋은 건축을 추구한 것이라고 생각한다. 그 시대 선비들은 예술을 이해한 지식인들이었다. 그들은 문사철(文思哲)을 두루 익힘으로써 사물에 대한 안목이 길러질 수 있었다. 풍수지리와 좌향(坐向)의 중요성을 이해했고, 건물의 자리 잡음으로부터 공간과 형태의 흐름 시선에 적절히 대처해야 함을 알았다. 친분 있는 사람들이 집을 지을 때 간접적인 경험을 통해 건축을 제대로 하는 것이 가치 있는 일이라는 것을 이해했다. 그리고 자신의 집을 지을 때 안목을 최대한 발휘했다. 자신의 구상대로라면 좋은 집이 될 거라고 확신하며, 장인에게 그 실현을 부탁했다. 그리고 독락당에서 뛰어났던 선비의 건축적 안목을 확인할 수 있다. 전통건축은 일정한 이미지의 양식을 갖추고 있다. 그러나 건축이 형식요인에 의해 다 결정되어지는 것이라면 창작의 의미는 크게 찾아볼 수 없을 것이다. 어느 시대이건 뛰어난 건축에는 심미감을 갖춘 인간의 안목과 의지가 개입되어 있다. 독락당은 한국전통가옥 가운데 그 어떤 곳보다 건축적 의도가 뚜렷이 드러나 있다. 살림집이면서도 주인만의 구도적 자기수양의 생활을 방해받지 않을 수 있도록 은밀한 공간 구조를 이루게 했다. 우선 침잠하면서 안정되고 조용한 분위기가 갖춰진 영역을 형성하기 위해 미로의 구성을 택했다. 그를 위해 안채 앞에 숨방채라는 건물을 덧대어 놓음으로서 그 내부가 잘 보이지 않게 해 놓았다.

또한 안채뿐 아니라 사랑채 대문도 깊숙히 놓이게 된데다 정면에서 보이지 않게 꺾어 들어가게 해 놓아서 일상의 동선이 외부로 잘 드러나지 않게 되었다. 그처럼 독락당은 은둔의 의사를 나타내는

계정 뒤로 보이는 사당과 유물관

사랑채 내부

사랑채를 지나 계정마당으로 들어서는 문

낮은 수평성과 은밀한 미로의 구성, 그리고 자연과의 극적인 만남이 고려되어 있다. 퇴계가 거했던 완락제는 집안에서 일상생활의 영역으로부터 단절되어 공부에만 전념코자 한 별서(別墅)의 성격을 띠고 있는데 독락당은 별서가 아니더라도 자연속에 거하며 수양할 때처럼 늘 맑고 깨끗한 마음을 지니고자 하는 뜻으로 지어졌을 것이다.

전통건축의 기능 충족은 대지 위에 영역을 나열하며 수평적으로 펼쳐졌다. 그리고 영역은 남과

여, 신분의 구분과 노동 및 여백적 관조의 공간으로 활용되었다. 영역은 마당을 둘러싸는 건물과 담으로 외부공간을 건축화한 결과로서 각 영역은 그 바깥과의 대비된 인식을 불러일으킨다.

또 비워짐으로써 인식되는 영역은 정적이며 그 조용함이 방 내부로 전해진다. 그리고 영역의 개방과 폐쇄의 질서는 전통건축의 가구식 구조에서 벽에 의한 공간의 가변성이 생기는 것과 유사한 성격을 갖는다. 그리고 독락당의 구성은 건물 각자의 능률보다 각 영역의 성격과 자연과의 교감을 조절하는 장치로서의 의미가 더 중요하게 여겨진다.

사랑채에서 안채로 통하는 문

이 집은 입구에서부터 특별하다. 대문을 통해 들어선 마당에서는 집안의 느낌보다 마을 어귀를 들어선 개방된 느낌이 든다. 그런데 거기서 안채, 사랑채로 가려면 좁고 어두운 중문을 거쳐야 한다. 작정하고 미로의 구조를 만들어 놓았지만 미로를 따라 나아가는 동선상에는 공간적 여백과 조여진 분위기의 반전이 있다 양반가옥에서 보통은 안채만이 은밀한 분위기이고 사랑채는 개방적인 모습을 띠는데 비해 독락당은 사랑채 또한 은밀한 분위기이다. 살림집이면서도 별도 암자 같은 사랑채에서 혼자만의 구도(求道)의 즐거움을 방해받지 않으려는 주인의 의지대로 꾸며진 것이다. 거기서, 개울에 면한 사랑채 우측 측면과 담 사이를 빠져나가면 뒷마당이 있고 다시 문을 지나 계정 마당에 이르게 된다. 그러면서 계정을 향한 접근 과정에 더욱 깊이감이 느껴지고, 안으로 침잠하여 절제된 삶을 영위하는 가운데 찾아드는 즐거움을 홀로 누린다는 집 이름의 의미가 느껴진다.

독락당의 창작 의도는 배치에서 잘 드러난다. 건축의 형태는 하나의 양식을 보여줄 뿐이며, 배치의 구성이야말로 진정으로 의지에 의해 창조된 것이라 할 수 있다.

미로의 끝에서 만나는 자연

독락당은 소쇄원과 비슷한 느낌을 갖고 있지만 구성방식과 성격은 크게 다르다. 소쇄원이 입구로부터 아예 자연에 귀의한 듯한 분위기인데 비해 독락당은 인위적인 시설물로서 은일한 분위기가 만들어졌다. 독락당은 겉으로 보기에는 평지에 지어진 평범한 가옥일 뿐이다. 그러나 자연을 대하는 적절한 구상에 의하여 신비로움이 느껴지도록 되어 있다. 독락당을 찾는 즐거움은 별천지의 호기심을 쫓아가면서 유발된다.

드러나지 않는 무언가와 예기치 않은 놀라움 속에 만나도록 하기 위해 처음 들어설 때부터 미로

계정 옆을 흐르는 계류

로 느껴지게 하였다. 중첩은 깊숙한 감각을 생겨나게 하고 닫히고 열림의 긴장감을 생기게 한다. 그러나 미로를 쫓아간 곳에는 뚜렷한 형상의 목표가 기다리는 것이 아니고 다시 자연을 대하는 개방감이다. 그 계정으로 가기에는 여러 개의 폐합된 독자 영역을 차례로 지나가야 한다. 그리고 마침내 미로의 마지막에서 개방된 시선을 누릴 수 있는 마당에 다다른다. 그 계정 마당은 사랑채 마당과 성격이 다르다. 사랑채 마당은 크고 단청된 건물과 함께 화려한 느낌도 남아 있는데 비해, 이곳에 들어서면 소박하고 한가로운 분위기가 느껴진다.

계정은 그렇게 깊어진 가운데 평온한 여유의 감각을 되찾은 곳에서 마당과 연결된 누마루 구조를 하고 있다. 긴장될 만큼 깊어진 마당의 한 귀퉁이로 터진 누마루에 오르면, 아연히 개울로 열린 시선을 누릴 수 있다. 이 집에서 그 개방감을 누리는 계정은 주인이 궁극적으로 누리는 공간이자, 독락당 이야기의 주제 격이다. 그 곳까지의 과정은 의식의 흐름을 이루어 낸다. 그 곳까지의 인위의 중첩은 종국에 나타날 자연을 본래보다 훨씬 크게 와 닿게 한다. 그리고 은밀한 미로가 갖는 호기심으로부터 신비감이 커지게 된다. 또 그 은둔된 미로의 미덕은 종국에 열려 있는 것이다.

독락당의 성취는 미로의 끝 계정에서 자연과 만나는 것이지만 열려진 풍경은 이 집의 입구까지 오며 보았던 평이한 자연이다. 그 경관만을 놓고 본다면야 동네의 누정으로부터도 쉽게 만날 수 있다. 또한 계류에 면한 정자야 흔할 수 있지만, 여기서는 그처럼 평이한 장면을 극적으로 느껴지게 한 것이 중요하다. 미로 끝의 만남은 무릉도원처럼 다른 감각으로 느껴지게 된다.

독락할 수 없는 후손

회재가 다시 조정의 부름을 받고 독락당을 나설 때 그의 학문은 크게 성장해 있었다. 그리고 그는 경상감사와 의정부 좌찬성을 역임하는 등 경륜을 펼쳐 볼만한 위치까지 올랐다. 그러나 그의 인생은 말년까지 평탄하지 않았다. 독락당을 나선 지 10년이 된 해에 정치적 사건에 연루되어 다시 평안도 강계에 유배되고 6년 후 겨울에 객지인 그곳에서 안타까이 생을 마치고 말았다.

회재에게는 양동마을에서 양자로 들인 이응인과 독락당에서 얻은 아들인 잠계공 이전인이 있었다. 그런데 유배지로 부친을 따라와 수발하고 말벗도 되었던 이가 이전인이다. 독락당에는 그 때 부자간 나눈 대화록이 전해지고 있다. 하지만 조선시대에는 서얼의 차별이 심하던지라 서자로 태어난 사람이 입신양명을 꿈꾸는 것이 헛되어 보일 때였다. 회재도 그런 처지의 아들을 안타깝게 여겼을 것이고, 그런 아들에게 각별한 부정을 쏟았던 듯하다. 그리고 이전인을 회재가 임종하였을 때 혹독한 추위 속에서 독락당까지 시신을 운구하여 장례를 지냈다. 퇴계 선생도 그를 두고 크게 칭찬했다고 한다.

지금 독락당에는 잠계공의 15대손인 이해철 선생이 살고 있다. 회재가 자연을 벗삼아 공부하며 독락한 곳이지만 오늘을 사는 후손은 문화재가 된 그곳을 지키며 살아가는 것만으로도 버거운 형편이다. 독락당은 그 시대 양반가옥이 다 그렇듯이 너른 부지를 차지하고 있다. 그 때는 하인들이 있었기에 관리가 가능했을 테지만 이 시대 문화로서는 평범한 가정에서 신경 쓰기에는 여간 어려운 일이 아닐 수 없다. 그래도 선대에 대한 존경심과 자긍심을 지닌 후손들은 신경을 쓰지 않을 수 없다. 거기다 선비다운 품행도 의식해야 할 때가 있다. 그 지역 유림들이 자신의 반듯함과 연관지으려는 심리까지 더하여 그 집을 찾을 때는 평소보다 더 고답해진다.

유학자의 자취를 궁금해 하는 선생님들이 무리로 찾아오는 일도 있다. 그럴 때는 역시 대학자의 후예로서 가문의 품위를 갖추며 정중히 안내해야 된다. 그래서 조선시대 출중한 선비의 후손은 이래저래 독락할 수 없게 되었다.

조용히 승방 쪽마루에 앉아 흙마당의 적조한 햇살을 느낄 때면 침묵에 사로잡히게 되고, 자신도 모르게 명상에 잠겨든다. 세속을 벗어난듯이 한줄기 자의식만이 마음 안 깊은 곳으로 자신을 찾아간다. 계절에 따른 변화는 마당에 비춘 그림자를 더 길거나 짧게 한다. 그림자가 소리 없이 건물의 창과 마루, 마당 위로 조용히 움직여 간다.

- 필자의 본문중에서 -

영 靈 선 禪 암 庵

신록이 피어갈 무렵의 영선암

봉정사에서 연결된 길

봉정사 영선암

봉정사는 우리나라에서 가장 오래된 목조건축물이 있는 곳으로 유명하다. 1972년 그곳 극락전을 해체 수리할 때 나온 상량문에는 1363년에 중수한 기록이 있었다. 그런데 목조건물은 건립 후 대략 150년 만에 중수하는 것이 일반적이므로 그로 미루어 이 건물이 13세기 초에 건립되었을 것으로 본다.

그 연대적 의미는 건축적 우수성 여부를 떠나 오래 전 이 땅에서 이루어진 건축솜씨를 확인시켜 주는 것만으로도 중요할 것이다. 그리고 이곳 경내에 있는 대웅전을 조선 전기의 다포식이고 화엄강당은 공포가 익공식으로 되어 있는데, 다른 곳에서 보이듯 형식적 면모로만 쓰여지기 쉬운 것과 달리 여기서는 외목도리를 받치는 구조적 역할을 확실히 보여주고 있다. 그래서 봉정사는 전통건축의 대표적 공포형식인 주심포식, 다포식, 익공식을 한자리에서 확인하기에 좋은 곳이다. 그리고 봉정사는 의상이 종이로 만든 봉황을 날려 앉은 명당에 절터를 잡았다는 전설이 전해 올만큼 자리 앉음새가 좋다. 또 입구로부터 절을 향해 오를 때의 굽이진 산길도 매우 운치 있다.

그 길을 오르다 경내가 올려 보이는 기슭에 기품과 맵시 있는 소나무가 한 그루 서 있는데, 휘어 오르는 산사 길과 잘 어우러지면서 곧 닿을 경내에 대한 기대감을 크게 한다. 그러나 그처럼 사료적 의미가 있고 지형과 어우러진 느낌도 좋은 봉정사지만 건축적 힘을 특별히 느끼기는 어려웠다. 그런데 그 경내를 벗어난 곳에 아늑한 암자가 하나 있어 이곳에 발길을 내디딜 때마다 감동을 갖게 된다.

봉정사 경내

봉정사 극락전

영화「달마가 동쪽으로 간 까닭은」을 찍은 조용한 암자

봉정사 경내를 돌아보고 요사채 쪽으로 나와서 계곡을 가로질러 좁은 계단길을 오르면 왼편으로 가옥처럼 보이는 건물이 서 있다. 정면에서 바라본 그 건물의 첫 인상은 풍상으로 거무스름하게 변해서 그리 친근해 보이지 않는다. 그러나 누 밑으로 난 입구 통로를 따라 안으로 들어가면 맑게 정제된 분위기에 의해 저절로 숨소리를 죽이게 된다. 영선암은 영화「달마가 동쪽으로 간 까닭은」을 촬영한 곳이다. 그런데 그 영화는 잘 기억하지만 영선암을 기억하는 사람은 많지 않았다. 그렇지만 그 영화의 힘은 영선암의 분위기 때문에 생길 수 있었다.

사찰은 속세를 벗어나 공부하는 수행 도량이지만 여럿이 모여 살다 보면 속세와 같은 번잡함도 느낄 수 있다. 그래서 수도자(修道者)들은 홀로 수행할 곳을 바라곤 하는데, 그러한 필요에 의해 지어진 건물이 암자(庵子)이다. 암자는 대개 모찰(母刹) 주변의 작지만 아늑한 터를 잡고 지어진 곳이 많

영선암을 들어섬

은데, 대개 소박하게 꾸며져 있다. 그리고 전국의 주요 사찰마다 부근에 많은 암자가 딸려 있었는데 정읍의 선운사가 있는 선운산만 해도 한때 79개의 암자가 있었다고 한다. 그로 미루어 볼 때 전국에 많은 암자가 있었을 것임을 짐작케 된다.

출중한 고승들은 홀로 암자에서 수행정진하여 대오한 경우가 많았다. 깨달음을 중시하는 선종의 선사들뿐 아니라 근대의 고승이라 할 수 있는 경허, 만공, 효봉 스님 등이 그러하였고, 현대의 인물인 성철 스님은 백련암에서 수행에 정진하며 나오지 않은 채 "산은 산이요 물은 물이로다."라는 유명한 법어를 남겼다. 우리나라 불교는 대승불교의 전통을 이루어왔지만 어떤 경우이건 불교의 본래 의미는 깨우치기 위한 구도의 길이다.

암자에서의 수행은 불교에서의 깨달음의 목표를 실천하는 방편이라고 할 수 있다. 영선암에서는 인간의 몸 안에 있는 원초적 습관과 순수한 자아와 일체되는 영적 맑음을 느낄 수 있다.

건축과 자연의 균형

건축은 지반에 의존하는 관계로부터 성립된다. 유람선은 집처럼 거주할 수 있는 시설이 갖춰져 있지만 땅과 관계없기 때문에 건축이 되지 못한다. 땅과 관계 맺음에 의해 건축다움이 생기고 우주질서와 운행을 같이 하며 호흡하는 사물로서 독특한 성질을 갖게 된다. 또 건축에는 인위가 수반되고 인위는 자연의 평형에 파문을 일으킨다. 그것이 다시 자연과 균형을 이루도록 하는 인간의 지혜가 발휘되어야 한다. 동양사상은 자연의 섭리를 존중하고 자연질서와 균형을 이루는 것을 근본 개념으로 하였다. 자연의 섭리에 반하는 것을 죽음의 길로 보았고 자연을 훼손하면 화가 초래된다고 하여 터부시했다. 그리고 자연의 섭리를 따르고 그 원리를 잘 이용하는 것을 지혜로운 일이라고 생각했다. 건축에 임하는 그러한 생각은 자연에 순응하고 조화되는 길을 쫓게 한다.

문명은 자연상태에 인간만의 편리함이 추구되는 현상이지만 문명은 자연계의 환원 안에서만 존재 가능하다. 한 방울의 잉크가 컵에 떨어졌을 때 그 오염은 제거되지 않는다. 그것이 제거되고 다시 마실 수 있는 물이 되는 것은 자연의 순환 안에서만 가능하다. 도시로 가득 채워진 지구 위에서는 살 수 없을 것이다. 아직 도시가 존재할 수 있는 것은 어딘가 벗어날 수 있는 자연이 있기 때문이다. 인간의 생존 조건은 여전히 자연에 있다. 인간의 호흡시 발생하는 일산화탄소의 정화를 위해 생리적 수요의 공기가 필요하다. 현대 도시의 밀집주택도 주택 사이의 외부공기의 켜가 있음으로 해서 존재 가능한 것이다. 태초의 숨결이 남아 있는 자연은 도시문명에서 느낄 수 없는 힘이 있다. 이 시대 사람들이 옛 건축에서 현대의 도시 건축과 대비되는 청량감을 느끼게 되는 이유는 자연의 힘이 바탕되어 있기 때문이다. 그것은 현대 관습상의 불편함을 감수한 채 자연의 감정에 순응해야 되는 환경이기 때문이다. 그리고 전통건축의 가장 큰 특징은 자연과 균형을 이루는데서 찾아진다.

건축이 둘러싼 환경에 동화되어 형태보다 정서로서 더 크게 느껴진다. 건축이 땅과의 좋은 관계를 맺고 입지의 효과를 누림으로써 고양된 정서를 얻을 수 있다. 깊은 자연에서 발산되는 정서의 깊이는 측량할 길 없다. 그리고 영선암은 자연과 관계 맺고 있는 심연한 정서를 향유할 수 있다.

적조한 햇살이 비추는 마당과 시작도 끝도 없는 공간

영선암의 마당은 건물로 둘러쳐 외부세계와 분리된 태풍의 눈처럼 고요한 상태이다. 빈 아랫마

지형에 맞춰 적절히 세워진 우화루와 송암당

송암당과 우화루의 막힘과 트임

당에 면해 놓인 툇마루에 조용히 앉아 있으면 맑고 정갈한 분위기의 힘이 느껴진다. 자연의 힘을 응축해서 고이게 하는 것 같은 미묘함이다. 그러나 이곳의 느낌은 좀 더 치밀한 의도에 의해 생겨난 것이라고도 할 수 있다. 인위란 본질적으로 부자연스러운 일인데 여기서는 인위의 바탕 위에서도 손길을 가하지 않은 것처럼 유연하게 느껴진다. 영선암의 배치는 건물들이 마당을 둘러치고 앉은 단순한 형식이지만 자연스런 흐름을 유도하듯이 조금씩 어긋나 있다. 전면 누 밑의 지면은 마당보다 몇 단 낮고 고랑처럼 분리되어 있기 때문에 아랫마당이 더 투명하게 느껴진다. 그리고 응진전과 노전으로 오르는 계단이 생동감을 일으킨다.

진입부에 놓인 우화루와 그 맞은편에 놓인 응진전, 그리고 좌우로 놓인 송암당과 관심당이 둘러치고 있는 마당은 단순한 정방형 구조이지만 고저차가 있는 진입 계단과 크기가 작은 윗마당, 그리고 쪽마루 등에 의해 공간의 확장성과 다채로운 공간의 변화, 동세의 감각를 띠게 된다. 또한 외부에서의 진입 위치는 마당의 가운데가 아니라 우측으로 치우쳐 있고 노전과 삼성각이 있는 윗마당으로 가는 동선은 대각선 방향으로 연결되는데, 그렇게 됨으로써 더 깊고 풍요로운 공간감을 띠게 된다.

영선암은 시작도 끝도 없는 비완결적인 구조를 갖고 있다. 닫힌 구성이지만 어딘가 항시 열려져 있어서 외부와 끊임없는 호흡이 일어나고 숨결이 유지되고 있다. 항상 조용함이 유지되는 아랫 마당은 적당한 짜여짐이 있어서 바깥에서 들어오면 정제된 분위기로 바뀌는 전환이 있고, 다시 밖과의 관계로 생기는 긴장의 힘이 있다. 그리고 건물들은 마당의 넓이에 비례하여 짜여짐의 힘이 지녀질 만큼의 적당한 높이로 되어 있다. 그 반면 각각의 건물의 구조는 특별히 눈에 띄지 않는다. 다포식인 응진전과 민도리 형식을 한 요사체의 디테일한 변화는 통일 속의 다채로움으로만 작용되고 있다. 영선암은 음양의 원리처럼 안과 밖으로 서로 다르게 나뉜 두 세계의 상호 작용에 의한 힘의 균형이 이루어지고 있다. 그것은 마치 기의 현상이 만나는 태극 구조와 같다. 마당의 영역은 둘러친 건물에 의해 경계가 한정된다. 그 경계가 존재한다는 것은 곧 경계너머가 존재함을 의미한다. 경계는 밖과의 대비를 이루고 외부와 구분된 안의 세계는 물질로 이루어진 켜를 지나 밖의 세계와 하나의 숨결로 이어져 있다. 공간과 시선은 틀 안에 갇히지 않고 건물 틈에 놓여진 누마루를 타고 그 너머의 무한 공간과 호흡한다. 건물과 하늘, 그리고 건물 틈새를 언듯 비켜 가는 시선, 햇살과 공기가 함께 어우러져 생기는 느낌이 느껴진다.

영선암은 건축의 질서틀 안에서 조용히 햇살이 닿아 생기는 갖가지 정감 있는 표정, 사물 본연의 생명력과 숭고함, 맑고 순수한 느낌이 함께 한다. 경사지형을 알맞게 다듬어 이루어진 배치는 그 느낌을 이루는 중요한 요인이다. 마당은 지형을 따라 여러 단으로 이루어져 레벨상의 위계와 변화를

영선암 전경

송암당의 열린 공간

송암당과 우화루 사이의 트임

우화루 루하의 진입구

높낮이로 이루어진 마당

우화루의 루마루

마루로 연결된 우화루와 송암당

보이고 있다. 입구에서 보면 아랫마당은 지형의 고저차를 이루는 반쯤에 걸쳐 있어서 항상 다음 단계로의 흐름이 예비되어 있다. 그리고 건물로 둘러싸인 부분의 반쯤이 화단으로 되어 있어 자연지형과 같은 자연스런 분위기를 이룬다. 머무를 곳의 정제된 분위기와 경사진 자연지형의 동세적 요소가 결합되어 있어서 누 밑 계단을 오를 때, 불전 계단을 오를 때의 느낌이 각각 다르다. 입구 통로의 짧은 거리를 지나가는 동안에도 어스름한 통로의 감각으로부터 좀더 다가갔을 때의 표정이 한 발자욱을 옮길 때마다 달라지며 생생하고 역동적으로 느껴진다.

조용히 승방 쪽마루에 앉아 흙마당의 적조한 햇살을 느낄 때면 침묵에 사로잡히게 되고, 자신도 모르게 명상에 잠겨든다. 세속을 벗어난 듯이 한줄기 자의식만이 마음 안 깊은 곳으로 자신을 찾아간다. 계절에 따른 변화는 마당에 비춘 그림자를 더 길거나 짧게 한다. 그림자가 소리 없이 건물의 창과 마루, 마당 위로 움직여 간다. 마당 한 쪽에는 소나무 한 그루가 건물의 처마자락을 살짝 걷어올리듯이 서 있는데 그 한 그루 나무는 주변에 있는 많은 나무들보다 더 큰 자연의 생명력을 불어넣는다.

쪽마루에 의한 건물의 연결

그림자가 비추인 흙마당

생명력과 사물과의 교감

선인들은 자연의 섭리에 순응하는 태도로서 생명력을 얻었다. 현대사회는 계측적인 계획 수요를 확보하며 급속히 신도시를 건설하는 능력을 과시하고 있지만 그로 인해 생명력을 잃는 것은 회복할 길 없다. 인위 시설로 가득해진 도시는 오염된 물마저 한방울도 새 나가지 못하게 하는 그릇과 같다. 그 결과에 대한 가장 큰 우려는 생명력을 느낄 수 없는 것이다. 이곳의 명상적인 느낌은 둘러싸인 자연의 힘을 바탕으로 생겨난 것이다. 그러나 현대는 합리성을 따져서 말해지지 않는 가치들을 모두 무시되기 쉽다. 그러나 말해지지 않아도 존재의 힘은 변함없다.

계측적 측면만을 중시하다 보면 계측되지 않는 의미들을 점차 망각하게 된다. 그로서 몸의 질병과 같은 지구의 문제가 생겨난다. 눈에 보이는 가치만을 좇는 사이 인간의 직관력이라든지 상상력이 알게 모르게 많이 쇠약해져 버린다. 앎은 사물과 교감함으로써 생겨나는 감각이다. 사람들은 언어가 없던 시절에도 서로의 느낌을 표정과 동작으로 소통할 수 있었다. 그러나 느끼지 않은 것을 추상적인 언어로 나타내면서 사물과 멀어지고 감각이 둔해졌다. 현대인들은 옛 사람들이 직접 식량을 얻기 위해 땀을 흘리며 느꼈던 의미와 자연과의 교감속에서 직접 사물의 현상을 의식함으로써 가졌던 능력을 많이 잃어버렸다. 그 현상이 전통 건축을 보수하는 솜씨에서도 그대로 드러나고 있다.

전통건축의 질박한 물성의 느낌은 그렇게 오래 견딜 수 있는 바탕 위에 시간에 따른 변화가 담겨져 생길 수 있었다. 그러나 과거에 150년만에 중수했던 전통건축을 이 시대에는 불과 몇 십년만에 다시 하는 일이 많아지고 있다. 옛날의 장인들은 우선 자연현상과 더불어 튼튼히 지탱될 수 있는 슬기

송암당 뒤켠의 쪽마루

를 체득하고, 보지 않는 가운데 꼼꼼히 솜씨를 발휘했다. 사람들이 그러한 자연의 존재 원리와 유리되기 시작한 시간은 그리 오래 되지 않았다. 통계적으로 우리나라에서 농경인구보다 산업인구가 더 많아지고, 전통의 농경사회로부터 산업사회로 바뀐 것은 불과 50년이 채 되지 않는다.

현대인의 계측적인 사고로는 영선암의 느낌을 만들 수 없다. 옛 사람들은 자연의 힘을 측정하려 하지 않았으며 단지 그로 힘입어 생기는 느낌을 의식했을 것이다. 그리고 옛날 사람들은 현대인보다 건축에 임하는 사고가 덜 복잡하며 맹목적인 의식에서 생긴 것일지라도 균형에 대한 신념이 있었다. 그로서 건축에서 본질적 덕목이 지켜질 수 있었고 좀 더 근원적인 힘이 발휘될 수 있었다. 영선암은 이슬방울이 모여 옹달샘이 되듯 맑은 기운이 고여드는 곳이다.

산을 오르다 맑은 웅덩이 옆에 앉아 무심히 바라보면 계곡 물이 모래톱을 빠져나와 스며 고이고 조용히 흘러나가는 것을 느낄 수 있다. 그 웅덩이 물살 위에 찾아온 영롱한 빛의 떨림이 음률처럼 반짝인다. 영선암은 그 옹달샘처럼 맑고 정갈한 분위기를 이루고 있다.

영선암

생에 애착이 느껴질 무렵
두려움도 찾아왔다.

세상 사람들 모두 즐거운 표정 짓건만
까닭 없는 슬픔이 휘감아옴을 느낄 때
홀로 떠나왔다…

숲 내음 고여드는 암자
마루턱에 앉아 머물 때
문득 세상 인연 그리움이 밀려오면
황급히 떠밀쳐 내고
수많은 날 기다려 왔건만
아직 찾아 오지 않은 느낌
기다리는 이의 눈길에 닿는
마당을 조용히 비추어가는 햇살

산천은 산짐승처럼 깨어 있고
다시 찾아온 봄날
신록이 번져가는 기운이 반가워도
아직 다 덜어내지 못한 번뇌에
충만한 아름다움이 부끄러운 수도승

글을 마무리하며

건축은 인간의 존재 양상의 표출이라고 할 수 있다. 그것의 일차적인 성능은 자연 기후로부터 조절된 기후 영역을 확보하는 것이고, 그를 위해 중력으로부터 찌부러지지 않는 구조적 세기를 갖춰야 했다. 그래서 최초의 건축은 내부공간을 만들기 위한 구조적 해결의 산물이었고 단지 구조로서 기능하였다. 고대로부터 인간은 주변에서 획득이 용이한 재료를 활용해 건물을 지어왔다. 그것은 기후 조건 및 지역별 획득 가능한 재료에 의해 각각의 특징을 띠어 왔으며, 각각의 재료와 구조적 원리에 따른 고유 양식이 형성되어 왔다. 그리고 한국전통건축은 원시단계로부터 목재를 사용한 건축이 발달되어 왔다. 그것이 형식적 보편성을 띠며 우리가 흔히 인식하는 목조 가구식 구조로 정착되었다.

한국전통건축의 감각적 원천은 그 구조형식으로부터 비롯된다. 기둥과 보에 의해 반복적으로 구성되는 프레임은 중력에 대응한 건축적 질서의 감각을 표출하고, 대청마루를 올려다 볼 때 보이는, 많은 부재로 복잡하게 형성된 지붕 구조는 프레임의 비워짐과 대조적으로 조밀한 구축적 물성을 발한다. 그리고 골조와 피막을 분리되게 취급할 수 있는 가구식 구조체 특성상 벽면의 개방과 폐쇄를 자유롭게 하여 건물이 앉은 주변 자연과의 관계에 따른 감각이 표출된다. 그리하여 내 · 외부 공간의 소통에 의해 건축적 감각을 자연과의 관계로 확장할 수 있다. 그러한 전통건축의 가구식 구조원리의 활용은 독립골조에 의한 자율성 확보라는 근대 건축의 핵심적 개념과 유사하다. 그런데 전통건축은 그것을 논리화하기보다 더 깊은 현상적 의미로 구사함으로써 건물이 앉고 있는 장소 및 자연과 일체감에 따른 멋을 지니고 있다. 그래서 건축 자체로써 완결된 것으로 여기지 않고 지어질 환경에 알맞는 균형을 감지하고 다듬어 맞추는 노력이 수반되어 왔다. 그리고 그로 인해 풍수지리설 같은 학문도 발달하게 되었을 것이다. 또한 그렇게 형성된 건축적 성격이 한국전통건축을 이해하는 가장 중요한 요소로 인식되어 있다. 그러한 생각들은 자연의 섭리를 존중하고 따르려는 전통적 동양 사상에 바탕되어 있다.

전통건축을 설명한 표지물에는 대체로 그 건물의 연혁과 함께 정면 몇 칸, 측면 몇 칸이라는 규모의 표현, 그리고 공포형식 등 건축의 구조형식적인 면만을 적어 놓고 있다. 전통건축의 용도별 차이는 현대건축의 기능에 입각한 건축유형과는 다른 양상을 띠고 있다. 한국전통건축의 서원이나, 사찰다운, 유형별 특성을 이루어 내는 것은 각각의 용도에 대응해 만들어진 건축 내용적 차이가 아니라 동일한 건축 형식에 적응해서 이루어진 삶의 영위로부터 나타나는 감각이다. 건축형식의 공통성에도 불구하고 병산서원에서 서원다운 힘을 지니게 하는 것은 건축형식적 차이가 아닌 삶의 내용이다. 같은 건축형식 안에서 이루어지는 생활규범상의 차이라고 할 수 있다. 그 차이에 대한 고려에는 단지 건물의 스케일과 배치가 고려되어 한 가지 구조형식으로 된 단순성으로만 보면 전통 건축의 느낌은 밋밋하기만 할 것 같다. 그러나 그러한 선입견과 달리 한국 전통건축은 다양한 감각을 표출하고 있는바, 그 이유는 가구식 구조형식의 특성을 바탕으로 주변과의 관계에 의해 다양한 감각이 표출되기 때문이다. 프레임은 단순한 구조 형태를 띠지만 풍광과 현상이 담겨지는 틀이 되어 자연의 감각이 함께 느껴지게 된다. 그래서 가까이 혹은 멀리에 있는 온갖 사물, 구름의 흐름과 같은 자연 현상, 햇살과 그림자의 변화 등 온갖 자연 현상이 건물 이미지에 반영되어 갖가지 표정을 갖게 한다. 그런데 전통건축을 지은 사람들은 그 결과를 우연히 얻어진 현상으로 여기지 않고 터를 고를 때부터 그러한 효과가 나타나도록 주변의 영향을 염두에 두었다. 그러나 한국전통건축이 자연과의 조화를 중시했다고 해서 관념에 따른 규범적 질서의 감각이 없는 것은 아니다. 전통건축도 여타 지역에서 공통적으로 느낄 수 있는 것과 마찬가지로 종교적 숭배나 나라를 다스리는 지배자의 권위 표출로 생기는 요소들로 인해 표출되는 감각도 갖추고 있다. 그리고 구조형식적 질서와 자연의 조화로 인해 발하는 느낌은 여러 채에 의해 무리를 이루는 상태에서도 나타나고 있다. 전통건축의 서원이나 사찰 등은 관념적 질서가 부여되어 있지만 그 전체적인 감각은 여전히 자연과 조화속에서 이루어진다.

건축의 본질적 힘은 어떤 행위에 알맞게 되기보다 인간다움의 환경과 건축 본연의 감각을 지님으로써 의미가 구현된다고 생각한다. 내재하는 건축의 힘을 발생케하는 것은 문명 현상이 아닌 여전히 자연 현상이다. 건축은 중력에 대응할 때부터 우주의 성질을 고려하게 된다. 그래서 하나의 건축의 지어짐은 우주 질서와 관계 맺는 것이며 지음에 대한 경탄스러움은 그로부터 생기는 감각이다. 그리고 전통건축은 지음에서 비롯되는 힘과 자연과의 교감에 의한 힘을 함께 지니고 있다. 자연의 섭리를 중시한 동양 사상은 삶의 실천적 원리로 작용되어 그러한 감각을 지속적으로 낳게 하였을 것이다.

오늘날 건축은 문화에 질식당하고 있다. 수요자들에게 건축의 의미는 흐릿해지고 건축공간은 그 자체로서 사람들의 감정에 작용하기보다 가전제품을 비롯한 수많은 도구들로 채워지고 있다. 건축의 이미지는 의상처럼 유행을 따라가고 있다. 그리고 인간의 요구조건을 무조건 떠받들고 있으며 시대조류로 합리화되고 있다.

인류는 문명의 편리를 추구하기 위해 엄청난 개발로 자연을 파괴해 왔다. 그 열기에 의해 급속히 팽창해가는 현대도시는 기능적 편리를 논하기 앞서 인간의 생존환경으로서 심각한 지경이다. 합리주의 사상은 우주 전체를 위한 것이 아니고 인간 중심의 발상이다. 그에 입각해 이루어지는 인간만을 위한 개발은 자연을 파괴하고 우주 질서를 깨뜨려 궁극적으로 인간의 생명을 위협하게 될 것이다. 시대성은 건축의 성격을 갖게 하지만, 건축의 본질을 형성하는 요인이 아니다. 급속히 사람들의 인식이 변화해가는 시대에 어떤 일시적 인간 행태에 맞춰가는 것이 최선의 건축적 추구라고 말하기 어려울 것이다. 놀랍도록 많은 수의 건물이 지어지고 있는 이 시대에 진정한 건축적 가치가 추구되지 않은 것은 큰 손실이 아닐 수 없다. 그렇지만 인류역사의 어느 시기에는 대부분의 사람들이 건축의 가치를 소중히 의식하고 모두 다 지향한 때가 있었다. 그래서 대부분의 건축이 건강한 성과로 나타날 때가 있었다. 사람들의 정신이 좋은 건축을 이루게도 하고 반대로 나타나게도 한다. 결국 좋은 건축을 낳게 하는 것은 삶의 태도이다. 우리가 전통건축에서 발견하려는 것은 우열이 아니라 시대환경에 의해 이룩된 건축의 건강성에 있다.

필자가 생각하는 한국 전통건축의 가장 중요한 가치를 압축적으로 말하자면 자연과의 균형, 그리고 생명력이다. 그리고 여기에 선택한 아홉 군데는 전통 건축 가운데 가장 귀히 여겨진 곳이었다. 그러나 단지 전체 중 일부분의 의미가 아니라 이 글을 쓰는 동안 한국전통이 지니고 있는 전체 가치의 보편성을 설명하기 위한 모델이기도 했다. 필자는 이 글을 통해서 뛰어난 경지의 전통건축이 갖는 건축적 성격과 그렇게 이루어진 배경, 그리고 그 실체에 대해 설명하고자 했다. 전통건축을 대하면 맑고 깨끗함, 생명력, 자연과의 호흡이 충만한 일체감 등의 덕목이 느껴진다. 전통건축의 의미는 무엇보다도 인간의 존재에 대한 자연과의 관계적 중요성을 알고 건축과 자연이 호흡을 같이 하게 한데 있다고 생각한다. 그것은 인위로 가득해진 현대를 살아가는 우리들에게 큰 의미로 다가온다.

본문에 소개된 전통건축의 위치

1. 병산서원 : 경북 안동시 풍천면 병산동
2. 소 쇄 원 : 전남 담양군 남면 지곡리
3. 선 암 사 : 전남 승주군 승주읍 죽학리
4. 화 암 사 : 전북 완주군 경천면 가천리 불명산
5. 종 묘 : 서울 종로구 훈정동
6. 창 덕 궁 : 서울 종로구 와룡동
7. 부 석 사 : 경상북도 영주시 부석면 북지리
8. 독 락 당 : 경북 경주시 안강읍 옥산리
9. 영 선 암 : 경상북도 안동시 서후면 태장리

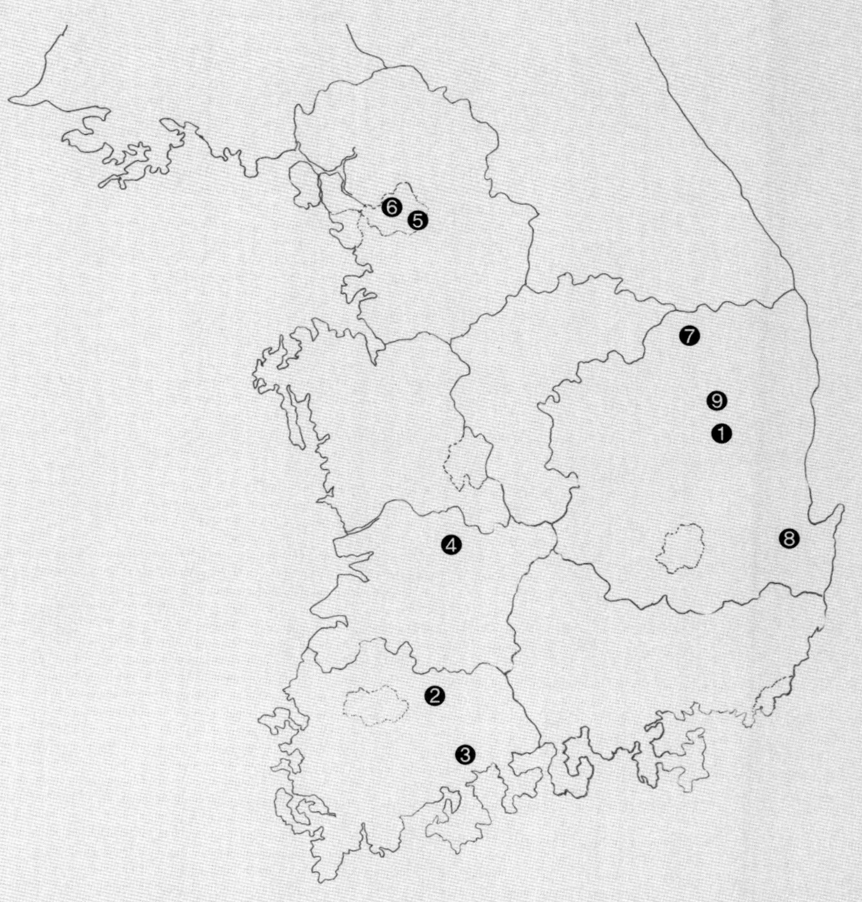

건축가 김석환(1959년생)은 서울시립대 건축학과 박사과정을 수료하였으며 도시건축, 광장건축 등에서 실무를 쌓은 후 1994년 터 · 울건축을 개설하여 작품활동을 계속해오고 있다. 서울산업대학교 건축설계학과 강사, 삼육의명대, 광주대 건축과 겸임교수 등을 역임하며 후진 양성에도 힘쓰고 있다. 1999년 건축문화의 해 초대작가 및 대한민국 건축대전, 대한민국 건축제 초대작가, 일산구 건축 및 조경 자문위원, 서울시 종로 리모델링 전문위원및 서울시 MP 등을 역임하였으며 1990~1997 르 꼬르뷔제의 생애와 건축, 루이스칸 건축, 루이스 바라간 건축, 유럽 각지의 건축, 이집트 건축 등을 기행했다. 주요 작품으로는 일산신도시 K씨주택, 곤지암주택. 분당주택, 청풍헌, 소격동 미술관, 아펜젤러 기념교회 계획, 목마도서관 등이 있다.〈한국전통건축의 구조형식과 공간미에 관한 연구〉로 석사학위를 받았고, 건축사지에 "한국전통건축의 좋은느낌", "인도의 르 꼬르뷔제 건축을 찾아서"를 연재했으며 〈중국건축기행〉, 〈일본건축기행〉, 〈북유럽생태건축기행〉, 〈한국건축가협회기행〉, 한국건축문화대상 비평 등의 저술이 있다. 저서로는 「건축가 김석환 건축작품집 '본연성, 덤덤함'」, 「김석환 회화집」, 「한국전통건축의 좋은느낌」 등이 있다.

한국전통건축의 백미

한국전통건축의 좋은느낌

2006년 3월 25일 1판 1쇄 발행
2013년 9월 17일 2판 1쇄 발행

저　　자　김석환
발 행 인　강해작
발 행 처　기문당
주　　소　서울시 성동구 무학봉28길 4-1 (왕십리동 966-22)
전　　화　02) 2295-6171(代)~5
팩　　스　02) 2296-8188
출판등록　1976. 10. 7(1-44)
홈페이지　http://기문당
www.kimoondang.com
I S B N　978-89-6225-537-9　13540

정　　가　20,000원

검인생략